Stefan Haag

# HANFKULTUR WELTWEIT

*Über die Hanfsituation in fast 100 Ländern rund um den Äquator*



EDITION RAUSCHKUNDE

## Bildquellen

Stefan Haag, S. 14, 88, 127
Die Kontinentalgafiken sind von Stefan Haag & Carlo Schmid, S. 18, 42, 64, 104, 128
herman de vries, S. 19, 71
B. Laska, Titelbild eines nicht erschienenen Buches, S. 22
Manniche, S. 27
Schultes/Hofmann, S. 41
Schultes, S. 60
C. Studer, S. 67
Rajesh Bedi, Ausschnitt aus "Holy Men of India", S. 76
Luis T. Laffer, S. 108
DADA (Drogenarchiv der Anbauer), S. 78, 87, 120, 122, 132, 165, 178
USAToday, S. 134, 136
Schlosser und Wenisch, S. 144
Hemp Line, S. 149
Sensi Seed Catalog, S. 152
Kraufmann & Kraufmann, S. 156
Suomi La Valle, S. 51
Lawrence Cherniak, S. 48
Besonderen Dank an herman de vries und Christian Rätsch
für Hilfe bei der Bildersuche

## Impressum

STEFAN HAAG: HANFKULTUR WELTWEIT
Idee, Satz & Ausführung: Stefan Haag
Korrekturen: Achmed Khammas
Buch- und Umschlaggestaltung: Petra Petzold und Werner Pieper
Druck: Fuldaer Verlagsanstalt

Verlegt als Joint Venture in der Edition RauschKunde von
Werner Pieper's MedienXperimente
D-69488 Löhrbach, Alte Schmiede
Fax 0 62 01 / 2 25 85


ISBN 3-930442-04-3

Hinweise auf weitere Publikationen des Verlages zu weiteren hanfigen Themen finden sich am Ende des Buches. Wir wünschen gute Reisen!

Stefan Haag · HANFKULTUR WELTWEIT

*Für Kerstin*

*In der Hoffnung, den Mond zu erreichen, vergißt*
*der Mensch die Blumen, die zu seinen Füßen liegen*

ALBERT SCHWEITZER

**Abkürzungen**

AIDS - Acquired immunodeficiency syndrome
BCD - Bund für Cannabis Detaillisten
BGBl. - Bundesgesetzblatt
BtmG - Betäubungsmittelgesetz
BVG - Bundesverfassungsgericht
CIA - Central Intelligence Agency
DEA - Drug Enforcement Administration
EU - Europäische Union (ehem. EG)
FBI - Federal Bureau of Investigation
G.I. - Governement Issue (amerikanischer Soldat)
GUS - Gemeinschaft Unabhängiger Staaten
INCB - International Narcotics Control Board
IWF - Internationaler Währungsfond
LSD - Lysergssäurediäthylamid
NNICC - National Narcotics Consumers Committee
OGD - Observatoire géopolitique des drogues
PLO - Palestinian Liberation Organization
THC - Tetrahydrocannabinol (Cannabiswirkstoff)
UNDCP - United Nations International Drug Control Program
USAID - United States Agency for International Development
XTC (MDMA) - Extasy, Methylendioxy-Amphetamin

# VORWORT

*Zuletzt machte Manitu den Menschen. Obwohl er der letzte und von allen Wesen das hilfloseste war, empfing der Mensch die größte Gabe - die Fähigkeit, zu träumen.*

Indianische Weisheit

Es war der Sommer anno 1986, als auf einer idyllischen kleinen Insel irgendwo in den Tropen junge Menschen aller Länder zusammenkamen und sie - trotz ihrer unterschiedlichen Hautfarben und Religionen - friedlich und tolerant miteinander umgingen, auch wenn sich ihre Väter jahrhundertelang gegenseitig die Schädel eingeschlagen und erbarmungslos ausgebeutet hatten. So verschieden diese Menschen in diesen Monaten auch waren, es verband sie eines: die Vorliebe für eine der ältesten Nutzpflanzen der Menschheit, den Hanf.
Und diese Vorliebe teilten und verband sie mit den Einheimischen, auf diesem kleinen verschlafenen Eiland im südchinesischen Meer. Es verband sie mit den zwei Dorfpolizisten, den Fischern, den Kokosbauern und dem Bürgermeister, mit den Alten und mit den Jungen. Es herrschte tiefe Harmonie unter den Menschen und mit der Natur und es gab keinen, den diese Erfahrungen nicht zutiefst geprägt hätten.

Winter 93/94. Die gleiche Insel verfügt nun über ein betoniertes Straßennetz, Elektrizität, Luxushotels. Das Wasser ist dreckig, der Urwald zu 80 Prozent gerodet und die Menschen verschlossen und wachsam. Jede Nationalität findet sich an *ihrem* Strand ein und schottet sich ab. Und es gibt ein "Drogenproblem". Aus zwei rotäugigen arbeitslosen Dorfpolizisten ist eine halbe Hundertschaft geworden, in den Hauptreisezeiten unterstützt von der Armee und beraten von europäischen Drogenbekämpfern. Und tatsächlich, es *gibt* ein Drogenproblem, denn nicht nur die Traveller, auch zunehmend die einheimische Jugend verfällt dem Alkohol und seinem illegalen Pendant, dem Heroin.

Wo ist sie geblieben, die Aufbruchstimmung und Hoffnung jener Tage? Alles nur hanfbedingte Illusion, oder eben der Fluch des Geldes? Sind die Hippies denn alle zu Yuppies mutiert und der Karrieresucht anheim gefallen?
Tatsache ist: Die Hanfdrogen Haschisch und Marijuana haben viel (wenn nicht alles) vom magischen Flair früherer Tage eingebüßt und sind zu Alltagsdrogen wie Alkohol, Nikotin oder Kaffee geworden (verkommen). Sie werden von

vier bis sieben Millionen Deutschen, sechzig bis siebzig Millionen Amerikanern und einer halben Milliarde Menschen weltweit genossen. Kein noch so strenges Verbot, kein Helikoptereinsatz und keine Vergiftungsaktion konnten dies verhindern. Im Jahre 1994 wird Cannabis auf der ganzen Welt produziert, gehandelt und konsumiert und nach Jahren der politischen Depression und Repression zeigen sich sogar wieder erste, zarte Pflänzchen der Liberalisierung am Hanf-Horizont: Clinton hat gekifft, die Niederlande bleiben konsequent und der 2. Senat des Bundesverfassungsgerichts hat im Frühling 1994 ein richtungsweisendes Urteil gefällt. Die Chancen steh'n so gut wie lange nicht...

Besonderer Dank an Andreas Haller für Kritik, Recherche und Zitate, Carlo Schmids kartographische Rettung, Andreas Kerpes Geduld mit einem Computeridioten und natürlich an Verleger Werner Pieper, der dies alles ermöglichte. Beste Wünsche für alle zukünftigen Reisen an Erich und Roland, die es nicht immer leicht mit mir hatten und an meine japanische Ausnahmeerscheinung Heco.

Da es mir (leider) nicht möglich ist, ständig in der Weltgeschichte herumzureisen, bin ich bei der Informationsbeschaffung in besonderem Maße auf die Mithilfe anderer Reisender angewiesen. Ich freue mich daher über Anregungen, Tips, Kritik (natürlich auch Lob), um das Buch auf aktuellem Stand zu halten und zu ergänzen. Zuschriften deshalb bitte an: ***Stefan Haag, Jagdhaus, D-71272 Renningen, FAX: 07159/3922***. Brauchbare Beiträge werden (auf Wunsch natürlich auch anonym) veröffentlicht und mit einem Freiexemplar der nächsten Auflage belohnt.

# *HINWEIS*

*Was ist den Leuten, die Marihuana noch nie probiert haben, so unheimlich daran? Wovor haben sie Angst? Vor sich selbst?* Margolis/Clorfene

*Gesetze, die gebrochen werden können, ohne daß dabei jemand zu Schaden kommt, werden belächelt.* Baruch Spinoza, 16. Jahrhundert

Ich will mit diesem Buch niemanden zum Konsum der verbotenen Pflanze Hanf anregen, verführen oder auffordern. Ich möchte aufklären und darstellen, wie weit die Hanfkultur auf der Erde verbreitet ist und in welchem Ausmaß in den einzelnen Staaten die herrschenden Gesetze eingehalten werden.

Ich möchte Reisenden und Zuhause gebliebenen, neben einem Überblick über die aktuelle weltweite Hanfsituation auch die wichtigsten cannabis-historischen Hintergründe vermitteln, in keinster Weise jedoch die aus dem Hanf gewonnenen Rauschmittel verherrlichen.

Da sich besonders die rechtlichen Zustände weltweit permanent ändern, kann keine Gewähr für den aktuellen Stand der Dinge übernommen werden. Vor illegalen Betätigungen muß auf jeden Fall abgeraten werden. Weltweit!

Die Entkriminalisierung und Wiedereingliederung einer der ältesten Nutzpflanzen und ungiftigsten Rauschmittel der Menschheit stellt eine legitime politische Forderung dar, der ich mich anschließe.

*Bemüh dich nur und sei hübsch froh, der Ärger kommt schon sowieso.*
Wilhelm Busch

*Wo befindet sich dieses geheimnisvolle Land? (Foto: Stefan Haag)*

# HANF AUF REISEN

*Um zur Quelle zu kommen mußt Du gegen den Strom schwimmen.*
Stanislaw Jerzy Lec

Obwohl Kiffer in den allermeisten Staaten dieser Erde mehr oder weniger erbarmungslos verfolgt werden, nutzen viele die Möglichkeiten des preisgünstigen Massentourismus, um die Kultur der cannabisproduzierenden Länder kennen zu lernen. Oftmals sprechen die interessierten Reisenden jedoch weder die Landessprache, noch sind sie mit den inneren Zuständen des Reiseziels vertraut. So kann es leicht passieren, daß die vermeintliche Reise zu den Göttern im ganz und gar höllischen Knast endet.
In der real-existierenden Hanfprohibition hat der Hanf und seine Freunde zwei Hauptfeinde: die Polizei und ihren Spitzelapparat. Reisende sind vielerorts die "dankbarsten" Opfer: unwissend, ängstlich und zahlungskräftig. Selbst in vermeintlich ungefährlichen Ländern beachten vernünftig-vorsichtige Hanffreunde folgende Sicherheitsstrategien:

- Informationen sammeln,
- Großstädte meiden,
- Vertrauen schaffen,
- Absichern und - last not least -
- sich wenigstens einen Grundwortschatz des Reiselandes aneignen.

Die beste Möglichkeit der Informationsbeschaffung vor Ort ist das Gespräch mit anderen Reisenden. So finden sich fast immer Gleichgesinnte, die bei einem Bier im Schatten gerne über ihre Erfahrungen plaudern und teilweise wahre Informationswunder sind.
Besonders in Ballungsgebieten und Touristenhochburgen machen ethno-botanisch interessierte Touristen jedoch gelegentlich auch unangenehme Erfahrungen, nämlich mit Polizisten, Spitzeln und Betrügern, also denen, die die vermeintlich goldene Kuh aus dem Westen melken wollen.
Vorsichtige Kulturinteressierte suchen sich ein Dorf ein paar Stunden außerhalb der Metropole, lassen sich dort für ein paar Tage nieder und beginnen mit Integrationsmaßnahmen. Der tägliche Besuch der Dorfkneipe erleichtert dies ungemein, und wer touristentypische Verhaltensmuster ablegt, wird schon bald nicht mehr "nur" Hippie aus dem Westen, sondern Mensch unter Menschen sein.

Eines wichtige Rolle in der ländlichen Hierarchie nimmt der Dorfpolizist ein. Er verdient erfahrungsgemäß an allen illegalen Geschäften mit und ist überhaupt nicht daran interessiert, daß sein Revier bei höheren Dienststellen ins Gerede kommt. Dorfpolizisten arbeiten oft mit den ortsansässigen Drogenverkäufern zusammen und schreiten, nachdem diese den Käufer verraten haben, zum Gesetzesvollzug, beschlagnahmen, kassieren Bakschisch und teilen mit dem Verkäufer. "*Die Zusammenarbeit zwischen ortsansässigen Händlern und Polizei funktioniert mancherorts so prächtig, daß der betrogene Käufer wirklich daran glaubt, durch Zufall in die mißliche Situation geraten zu sein und Glück gehabt zu haben*"[1] Reisende, die sich im unbekannten Umfeld einer fremden Welt verbotene Substanzen beschaffen wollen, sind potentielle Opfer solcher fruchtbaren Dealer-Polizei-Zusammenarbeit. Das Risiko läßt sich wohl minimieren, ganz auszuschalten ist es aber nie, und vor allem in Zentren des "Drogentourismus", wie Kuta/Bali, Kathmandu/Nepal oder in Marokko herrscht akute Gefahr.

Unauffällige Kiffer an einsamen Stränden oder im Urwald geraten kaum irgendwo in solche Schwierigkeiten. Hier sind die Verkaufsgebiete klar abgesteckt, die ortsansässige Polizei kassiert bei jedem Deal mit und hält sich den Kunden gegenüber zurück. Zwischenfälle mit der Polizei häufen sich prinzipiell mit steigender touristischer Erschließung, wie es die Beispiele Ko Samui/Thailand oder Goa/Indien eindrucksvoll belegen.

Wird ein Ausländer mit Drogen erwischt und die Angelegenheit nimmt ihren gesetzlichen Lauf, artet das illegale Vergnügen überall zu einer wirklich unangenehmen Geschichte aus. Die meisten cannabisanbauenden Staaten haben auf westlichen Druck ihre Drogengesetze verschärft und die Gerichte schrecken auch beim Touristen nicht vor langen Haftstrafen oder (mit Glück!) hohen Geldstrafen zurück. Jeder Reisende ist gut beraten, alles in seiner Möglichkeit stehende zu tun, um nicht in südamerikanische oder asiatische Gesetzesmühlen zu geraten. Denn "*wer auch immer schon mehr als eine Nacht in einem Gefängnis in einem beliebigen Dritte-Welt-Land verbracht hat, sagt, daß der Verlust aller Güter immer noch dieser Tortur vorzuziehen ist. ... In der Regenzeit bei fast 100% Luftfeuchtigkeit und über 30° C in dumpfen Räumen mit Ratten, -zig Mithäftlingen und dem bekannten Essen aus Chilli und weißem Reis ohne Salz unter unvorstellbaren hygienischen Bedingungen und Mückenplage kein Vergnügen*"[2].

Außer der - meist unpraktizierbaren - Flucht gibt es nur eine Chance, diesem zu entgehen: die Korruption! Es gibt wohl kein Land der Erde, in dem Schmiergeldzahlungen unbekannt sind. Von der untersten Stufe bis zur obersten Sprosse der Gesellschaftsleiter wird bestochen, korrumpiert und Bakschisch gezahlt. Auf der ganzen Welt gilt der banale Satz: Alles nur eine Frage des Preises!

Der kenianische Dorfpolizist wird bei 1 Dollar schwach, die *Ekkamai-Gang* von Bangkok läßt den ertappten Touristen nicht unter 1000 Dollar frei. Es bestehen zweifelsfrei Zusammenhänge zwischen Beamtensold, Korruptionswilligkeit und Bakschisch-Höhe. Das Spektrum reicht vom Tagesgehalt eines tadschikischen Provinzbeamten bis zum Jahresgehalt einer brasilianischen Polizeistation.

In einschlägig bekannten Ländern haben sich Rechtsanwälte auf - wegen Drogenvergehen inhaftierte - Touristen spezialisiert. Sie setzen sich mit den Verwandten in Europa in Verbindung und verhandeln mit den Behörden die Modalitäten (Höhe der Geldstrafe) der Freilassung aus. Das kann dann, auch schon bei relativ geringfügigen Delikten, inklusive Honorar durchaus fünftausend Dollar und mehr kosten!

Im Frühjahr 1994 wurden weltweit etwa 1500 im Ausland inhaftierte Bundesbürger von ihrer Botschaft betreut.[3] Über Länderverteilung, Art der Delikte und durchschnittliche Haftdauer werden in Deutschland keine Statistiken geführt; die weitaus meisten wegen Cannabisvergehen sitzenden Europäer finden sich jedoch in südostasiatischen Gefängniszellen (Malaysia, Philippinen, Thailand).
Das Auswärtige Amt spricht in diesem Zusammenhang von einer hohen Dunkelziffer: Bei weitem nicht jede Festnahme und Verurteilung wird der Botschaft gemeldet. Oft wollen die Verurteilten nicht, daß die Familie zuhause von der Inhaftierung erfährt und in einigen Ländern soll das diplomatische Engagement bei Betäubungsmitteldelikten stark nachgelassen haben (Indien, Nepal).

**Im konkreten Fall sollten Angehörige sich direkt an das Auswärtige Amt in Bonn oder an die jeweilige Botschaft wenden.**

Wenn im Ausland begangene Straftaten auch in Deutschland abgeurteilt werden können, so fallen die heimischen Strafen für Cannabisdelikte in den allermeisten Fällen vergleichsweise milde aus.
Mit Thailand besteht mittlerweile ein Auslieferungsvertrag, bei dem der Straftäter in Deutschland die Hälfte seiner Strafe verbüßen soll und auch mit anderen Ländern sind derartige Abkommen beabsichtigt.

*Er schnitzt die Pfeifenstiele für die Sebsis auf dem Markt in Fez, Marokko.*

# Afrika

## ZENTRALAFRIKA

1 Louga
2 Casamance
3 Fouta Djalon
4 Bamako
5 Timbouktou
6 Gao
7 San Pedro
8 Sassandra
9 Grand Bassam
10 Navrongo
11 Kintampo
12 Ashanti-Berge
13 Tamale
14 Gaya
15 Owerri
16 Makurdi
17 Sanga
18 Lubaje
19 Uham
20 Tsachad-See
21 Gerre-Berge

*Karte: Carlo Schmid/Stefan Haag*

# *MAROKKO*

**Namen/Sorten:**
*Kif, al-haschisch, chira, sadda, tedrika, makhlif, resin (Harz)*
*Zero-Zero, Sputnik, Marokk, Blonder*

**Anwendung**
Traditionelles Rauschmittel. Aphrodisiakum, Antidepressiva, Exportartikel

**Anbaugebiete:**
*Rif*-Gebirge

**Rechtliche Situation/Sicherheit:**
1926: Legalisierung des Hanfanbaus durch die französische Kolonialmacht.
1954: Verbot durch die Franzosen (am Vorabend der marokkanischen Unabhängigkeit). Gründungsstaat der Single Convention 1964.
Heute: Privatanbau legal, Handel verboten und theoretisch lange Haftstrafen. Freikaufen an der Tagesordnung. Polizei sehr geschäftstüchtig und am Kif-Handel direkt oder indirekt beteiligt. Provinzbeamte kiffen selbst und leben von der Korruption.

**Hanfkulturelles:**
**Literatur:**
Mohammed Mrabet, *Marokkanische Haschischgeschichten*
(Werner Pieper's MedienXperimente)
Otto Artbauer, *Die Rifpiraten und ihre Heimat*
Paul Bowles, Mohammed Mrabet, *El Liman* (Goldmann-Verlag)
Paul Bowles, Mohammed Mrabet, *M'Hashish* (Goldmann-Verlag)

## Kif und khef

*Kif ist wie das Feuer, ein bißchen wärmt, viel verbrennt.*
Marokkanisches Sprichwort

Gegen Ende des letzten Jahrhunderts bezog die Kolonialmacht Frankreich fast 90% seines pharmazeutischen Cannabisbedarfs aus dem Rif-Gebirge (Er-Rif) Marokkos. Dieses gehört zu den ersten Gebieten der Erde, wo Hanf gezielt und ausschließlich wegen seiner Drogenwirkung angebaut wurde. Seit 1926 unterlag der Hanfanbau der marokkanischen Verwaltungsstelle für Tabak und Haschisch, wobei die Steuereinnahmen in die französische Staatskasse flossen[4]. Erst am Vorabend der Unabhängigkeit verbot die ausscheidende Kolonialmacht den Anbau wieder.

*"Am 19. Januar 1979 wurde laut Verordnung Nummer 1-69-246 Marokko das Recht zugesprochen, das Monopol der oben erwähnten Verwaltungsstelle wahrzunehmen - eine Berechtigung, die für die gegenwärtige Verwirrung über legale und illegale Kulturen im Rif-Gebirge sorgt"*[5]. So sind durchaus nicht alle der riesigen Cannabis-Anpflanzungen auf den Höhen des Rifs illegal, der Anbau für den heimischen Gebrauch ist erlaubt[6].
Die im Er-Rif lebenden Berberstämme und auch die marokkanischen Araber sind leidenschaftliche Kif-Raucher, das beste Haschisch bleibt mit Sicherheit im Lande...
Traditionell wird der Stoff in winzigen Tonpfeifchen (*sibsi*), mit fermentiertem Tabak vermischt oder auch pur geraucht. In jedem Dorf des Rif-Gebirges wird *kif* (von *khef*, arab.: Zustand des absoluten Nichtstun) pur oder schon mit Tabak gemischt gehandelt und gehört zum Sortiment jedes marokkanischen Gewürz- und Kräuterhändlers.[7]

Der Genuß von Haschisch wird in Marokko nicht als Sünde angesehen und ist in der Männerwelt zur Entspannung, Enthemmung und als Aphrodisiakum weit verbreitet. Frauen dagegen ist der Hanfrausch untersagt, da er sie (angeblich) jegliche Scham vergessen und zu *"ehebrecherischen Nymphomaninnen pervertieren"*[8] läßt (Rätsch nach Palgi).

Nach einer 7-monatigen Wachstumsphase werden die angetrockneten braunen Pflanzen geerntet und in Scheunen (Silos) locker gelagert, bis sie zu Staub zerfallen. Anschließend trennen die Rifbauern, bzw. deren Tagelöhner die Stengel und Stiele von den Blättern und Blüten und schütteln das gereinigte Material durch Stoffsiebe.
Das handgeknetete Cannabis der erster Siebung ergibt das beste, *Zero-Zero* oder *Sputnik* genannte Haschisch,[9] der maschinell gepreßte, olivgrüne Hanfstaub der nächsten Durchgänge gewöhnliches Export-Dope. Während das dunkelgrüne *Zero-Zero* harzig-ölig ist, muß Export-Kif zum Zerbröseln erhitzt werden. Um den Profit zu steigern wird gerne das bräunliche Haarfärbemittel Henna dem Hanfstaub beigemengt.

*Der Kunstmaler jobbt nebenbei als Wasserträger. Das sind jene unzähligen armen Teufel Tangers, die als Kontaktmänner Kundschaft für die wenigen Big Bosse suchen. Jeder weiß davon, zuerst die Polzei, um sich die Provision zu sichern. Es gibt nichts, absolut nichts zu enthüllen. Komplette Neubauviertel wurden mit den Profiten der Cannabispflanze auf dem Rifgebirge hochgezogen.*
*Abdul inhaliert jetzt entspannt und öffentlich seinen Joint. Dann hinkt er zufrieden hinaus, zwinkert noch einmal, unterm Arm den riesigen Viktoriasee. Bis heute Abend hat er mich zehnmal vergessen.* GEO, März 1994

*Titelbild eines wohl nie erschienenen Buches.*

Viele Reisende aus Europa finden sich ausschließlich aus Haschischgründen in Marokko ein, was die Verkaufsaktivitäten mancher Händler ins Unerträgliche steigert. Wie in Chechaouen und besonders Ketama, Hauptumschlagsort und Produktionszentrum des Rifgebirges. Dieses eigentlich eher triste Bergkaff bietet neben dem allgegenwärtigen Cannabis-Handel und kärglichen Berberbehausungen zwei schicke Luxushotels, in denen sich die Käufer und Verkäufer der ehrenwerten Gesellschaft ihre Stell-dich-ein geben.

> *Kurz vor Fez kam die Kontrolle. Vier Mann in einem Jeep.<Sagt, wie viele Kilos ihr habt. Sagt's gleich, dann wird's billiger>, brüllten sie. Und dann: <Auspacken!> - Sie fanden 90 Gramm bei dem Kanadier. Es war mein Auto. Also mußten wir alle mit auf die Gendarmerie. Dann vier Wochen Knast - für alle. Und 4000 Dirham Strafe - für jeden. Ob es sonst noch irgendwo mittelalterliche Gefängnisse gibt, weiß ich nicht, aber in Fez gibt es sie. 32 Mann in einem winzigen Raum. Essen kann man den Fraß nicht nennen, und dann das Tribunal. Pässe, Adressen von den Eltern, wenn man nicht selbst bezahlen kann.* Der Tagesspiegel, Berlin, 10. Februar 1974

> *Die Tatsache, daß in marokkanischer Polizei- und Untersuchungshaft die Folter zur Regel gehört, ist längst bekannt. Mehrere Menschen sind bereits unter der Polizeifolter umgekommen. (...) Die Höflichkeit von Polizisten ist nur scheinbar von Widerspruch. Es wird berichtet, daß Polizisten ganz höflich zum Folterraum abführen ließen.* Frankfurter Rundschau, 18. Juli 1980

Etwa 85% des Rif-Sozialprodukts stammen aus dem Cannabisanbau von etwa 50.000 Bauern.[10] Die mit Hanf bewirtschafteten Flächen sollen in den letzten Jahren auf 50.000 Hektar angestiegen sein. Der Preis für ein Kilogramm Cannabis liegt in den Anbauregionen, je nach Menge und Verhandlungsgeschick bei etwa 1000 Dirham (umgerechnet etwa 190 DM)[11].

Marokko gilt mit seinen rund 15.000 Tonnen Jahresproduktion als viertgrößtes cannabisexportierendes Lande. Von dem gigantischen Handelsvolumen von fast 3 Milliarden Mark sehen die Bauern freilich nur den kleinsten Teil und nur wenige von ihnen haben es zu größerem Wohlstand gebracht. Die meisten Rif-Bauern sind wirtschaftlich von den Händlern, die ihnen die Ernte abkaufen und auch Kredite gewähren, abhängig. Professionelle Schmuggler schicken ihre Ware - von der korrupten Polizei unbehelligt - mit Großschiffen von den Häfen in Algier, Oran und Annaba nach Europa, Amerika und Japan[12].
Hobbykiffende Normaltouristen sollten die alles andere als sicheren Gegenden des Er-Rif meiden. Die schwer bewaffneten und am Verkauf von Kleinmengen sowieso uninteressierten Rif-Bauern sind äußerst mißtrauisch; nicht einmal die marokkanische Armee traut sich in ihre Gebiete[13].

Wenn die Polizei gegen den Cannabis-Handel einschreitet, dann prinzipiell beim unverkennbar europäischen Hasch-Touristen, dem Ameisenhändler aus Allemagne oder Suisse, mit langen Haaren und verrostetem Wohnmobil, das so viele *gute* Verstecke bietet. Monsieur-le-Gendarme kennt sie alle...
Viele Bauern und Händler arbeiten mittlerweile mit der Polizei zusammen, das beschlagnahmte Pfunf *Zero-Zero* kehrt zum Verkäufer zurück, der Beamte (zufälligerweise Bruder oder Schwager des Bauern) kassiert vom Touristen. So wird ein und derselben Brocken *kif* immer wieder aufs Neue verkauft.
Bei der Ausreise nach Spanien werden Drogenvergehen gerne offiziell gehandhabt. Das ist gut für die jährliche Statistik, unterstützt die Beförderung und stört keinen Verwanden. 1992 wurden nach offiziellen Berichten in Marokko 47 Tonnen Haschisch und 10.833 Drogenhändler, unter denen zahlreiche Ausländer waren, sichergestellt.
**Unbedingt alles versuchen, um nicht in marokkanische Zellen zu wandern! Die überlebt ein Europäer kaum länger als ein Jahr.**
Kif und Khef !

## Couscous

**2 Tassen Erbsen**
**2 Tassen Chinakohl**
**1 Tasse gekochte Karotten**
**2 kleingehackte Knoblauchzehen**
**3 kleingehackte Zwiebeln**
**2 Tassen arabische Hirse (Couscous)**
**1 Tasse frisches Basilikum**
**2 kleingeschnittene Mangos**
**1 kleingeschnittene Banane**
**150 Gramm Butter**
**1 Eßlöffel getrockneter Hanf**
**1 Teelöffel Zucker**
**1/2 Tasse Orangensaft**
**1 Teelöffel Petersilie**
**1 Pfund Shrimps**

Den Hanf in der Butter 20 Minuten auf kleiner Flamme ziehen lassen. Das Gras abseihen und das Gemüse in der Butter schmoren. Gewürze hinzugeben. In extra Topf Mangos, Orangensaft und Zucker einkochen und in den letzten Minuten die Shrimps hinzugeben. Die Fruchtsauce über das Gemüse gießen und mit Bananen verzieren. *(PRINZ, 6/94 nach High Times)*

# *ALGERIEN/TUNESIEN*

## Mantel des Schweigens

Trotz (oder gerade wegen) ständiger politischer Schwierigkeiten blüht der illegale Grenzverkehr mit dem westlichen Nachbarn Marokko. Im marokkanisch-algerischen Grenzgebiet, zwischen den Wüstenstädten Oujda (Marokko) und Sidi-Bel-Abbès liegen etwa 150 Hanfsilos, der Transport auf dem Landweg erfolgt über zahllose Wege und Pisten per Maulesel oder - seltener - per Kamel hauptsächlich zu den Hafenstädten Oran und Algier (zum Weitertransport nach Europa), oder über die unbewachten Wüstengrenzen zu den nordafrikanischen Nachbarn[14].

Der mit Argwohn betrachtete Fremde aus Europa findet in dem spießigen Polizeistaat kaum Zugang zum Schwarzmarkt. Einige Reisende haben in Wüstenkneipen mit LKW-Fahrern Überraschungen erlebt, weil sie, außer Geld, *Handfestes* anbieten konnten. "Handfest" bedeutet in Algerien Alkohol oder Pornographie. Beides kann nur unter Verletzung der Zollbestimmungen ins Land gebracht werden, wobei der algerische Zoll sich schon bei der Einreise als besonders handfest darstellt. Wer Marokko kennt und schätzt, wird von dem immer unangenehmer werdenden Nachbarn mehr als enttäuscht sein.

Algerien verfügt über eine ausgeprägte Hanftradition, welche die französischen Kolonialherren stets zu unterdrücken versuchten. Traditionell wurde der Atlashanf (*dawameso*) dem im Süden des Landes kultivierten *Soufi-Tabak* beigemischt. Die (heimlichen) Anbaugebiete lagen während der Kolonialzeit bei den Orten Relizane, Ouarsensis, Tiaret, Ouled Nail und zwischen Tebessa und Batna (alle Atlas-Saharien).
Wie sehr der Hanfanbau im heutigen Algerien noch verbreitet ist, bleibt jedoch größtenteils im Unklaren, zumal die Verschwiegenheit der Einheimischen noch ein Stückchen größer zu sein scheint, als beim marokkanischen Nachbarn.

In Tunesien war der Cannabisanbau bis Ende der Sechziger Jahre legal. Haschisch wurde zu einem Drittel mit Tabak vermischt und unter dem Namen *takrouri* von lizensierten Händler verkauft. Heute ist es ein wertvolles Produkt, welches in Basaren und Cafés unter der Hand gehandelt wird.

# *ÄGYPTEN*

**Namen:**
*Al-haschisch, bang, kif, banj, gnaoui, kamonga, zahret-el-assa, zerouali, makhlif, malak, smsmt* (altägyptisch)

**Anwendung:**
Seit etwa 2000 v.Chr. in Religion (Totenkult, Meditation), Medizin (Glaukom, Beruhigung). Seit etwa 1200 n.Chr. als Rauschmittel.

**Anbaugebiete:**
Südliches *Nil*-Tal (Eigenbedarf)

**Rechtliche Situation/Sicherheit:**
Erstes Verbot: 13. Jahrhundert n. Chr. Beitritt zur Single Convention 1966. Strenge Strafen (**auch Todesstrafe**) für Drogenvergehen. Staatliche Repression gegenüber Kleinhandel und Konsumenten. Untätigkeit gegenüber Großhandel. Hartes Auftreten. Korrupt auf allen Hierarchiestufen.
**Bewaffnete Unruhen durch radikal-fundamentalistische Moslems**

## Pfeifenrauch und Mokkaduft

*"Als Zahir Wein und Haschisch verbot, verließ unser Iblis in Eile Ägypten. Er sagte: Was soll ich in einem Lande bleiben, wo man mir Wasser und Futter verwehrt?"*

(Nasir ed-din Muyanir, Richter in Kairo 1278), nach Behr (1985)

Die aus der ägyptischen Politik des 20. Jahrhundert resultierende politische und kulturelle Verwestlichung drängte die ausgeprägte Hanfkultur des Volkes immer mehr in den kriminellen Untergrund.
Fremde haben es schwer, im Gewühl der Großstädte Kairo (El Qâhira) und Alexandria (El Iskandarîa) vertrauenswürdige Quellen aufzutun. Taxifahrer, Schuhputzer und Straßenhändler bieten alle erdenklichen Waren und Dienstleistungen an. Hinter diesen, auf offener Straße verlockend vorgetragenen Haschisch-Angeboten steht oft die Polizei.

Touristen tun sich in den Basaren der Altstädte um und besuchen die, oft in idyllischen Hinterhöfen versteckten und meist vollbesetzten Wasserpfeifen-

Lokale. Je unauffälliger die Örtlichkeit, umso größer die Wahrscheinlichkeit, daß Haschischdämpfe die Luft schwängern.
Zeigt sich der Fremde interessiert, laden ihn die greisen, bärtigen Männer gerne ein und werden sich einen Spaß daraus machen, den Westler in das Reich der Träume zu schicken. Getrunken wird Mokka oder Tee, und das Ansehen des 'Ungläubigen' steigt mit Sicherheit, wenn er sich mit einer Runde Getränk revanchiert.
In dieser behaglichen Atmosphäre von Wasserpfeifenrauch und Kaffeedampf werden *große Geschäfte*, aber auch *kleine Deals* abgewickelt oder vermittelt.

In den touristischen Nepp-Zentren am Roten Meer und bei Gizeh (El Gîza) werden Haschisch-Kaufgesuche gerne - unter detaillierten Schilderungen der strafrechtlichen Konsequenzen dieses Ansinnens - mit strahlenden Augen und triumphierendem Grinsen abgetan.

Ägypten liegt in einem abflußlosen und ständig regenarmen Gebiet. Die Sommer sind quälend heiß (über 40° C), die Winter mit kalten Nächten und milden Tagen dagegen recht angenehm. Für lohnenswerten Hanfanbau sind die meisten Gebiete zu trocken. Er findet sich daher nur in Gebieten mit gesicherter Wasserversorgung. So am Oberlauf des Nil (Grenzgebiet zum Sudan) und rund um den Nassersee (Buheiret en Nasser). Das dort gewonnene Haschisch dient dem Eigenbedarf der Landbevölkerung, die sich Importdope nicht leisten kann.

Da Kiffen in Ägypten - trotz aller Repression - auch heute noch weit verbreitet ist, dürfte das Land zu den größten Hanfimporteuren Afrikas gehören. Auf dem Schwarzmarkt dominiern libanesisches Haschisch und Kif aus Marokko. Die Preise liegen für kleine Mengen zwischen 3 und 5 Mark pro Gramm, für Europäer eher mehr.
Die traditionelle Konsumform, der besinnliche Rauch einer Wasserpfeife, hat bei den Jungen mehr und mehr ausgedient. Sie drehen Joints oder stopfen Purpfeifen.

*Smsmt – Hanf in altägyptischer Hieroglyphenschrift.*

Auch honigsüße Hanf-Pralienen und mit Haschisch veredelte, *chastri (chatsraki)* genannte Kräuter-Liköre[15], einst unter Freunden und bei Familienfesten sehr beliebt, sind ein Relikt vergangener - ruhigerer - Zeiten. Sie tauchen nur noch gelegentlich in den Erinnerungen der Alten auf.

Haschisch-Opium Mischungen (*haschisch-kafur*) dagegen werden weit verbreitet konsumiert. Sie kommen als streichholzförmige Stäbchen oder kleinen Kugeln in den Handel[16].

## Das grüne Kraut auf dem Felde

Pollenanalysen in den Gräbern von Amenophis IV und Ramses II datieren die frühesten Hanfanwendungen in Ägypten auf das 2. Jahrtausend v. Chr. Die Pflanze (altägyptisch: *smsmt*) wurde rituell (Totenkult) und medizinisch benutzt.[17] Bei dem heiligen *grünen Kraut auf dem Felde*, von dem die in Äthiopien und Ägypten ansässigen koptischen Christen berichten, soll es sich um den Hanf handeln: "*Und ich will ihnen eine herrliche Pflanzung aufgehen lassen, daß sie nicht mehr sollen Hunger leiden im Lande, und ihre Schmach unter den Heiden nicht mehr tragen sollen*"[18].

Als rauschinduzierendes Mittel zur Meditation ist Cannabisharz (Haschisch) seit dem 12. Jahrhundert n. Chr. bekannt. Bereits im 13. Jahrhundert wurde in Ägypten von den osmanischen Besatzern ein erstes Cannabisverbot ausgesprochen, weil die ägyptischen Hanfbauern "*mehrfach Revolten gegen die Steuerzahlungen angezettelt haben ... die Einnahme von Cannabis die Ägypter zum Lachen reize und sie zu respektlosem Verhalten gegenüber dem Sultan und dessen Statthaltern aufwiegele...*"[19].

Im 14. Jahrhundert folgte Emir Sa'dun Scheichuni dem osmanischen Vorbild und ließ alle Hanfpflanzen ausreißen. 1868 schließlich wurde auf Befehl von General Menou, Kommandeur der Französischen Armee, sämtliches (auffindbares) Cannabis vernichtet und der Konsum unter hohen Strafen verboten[20]. Doch alle Maßnahmen blieben erfolglos. Bis heute wird in Ägypten extrem viel Haschisch und zunehmend wieder Opium (und Heroin) verbraucht, angeblich der Grund für die erneute Gesetzesverschärfung 1992.

So sind gegen Heroin-Großhändler inzwischen wieder Todesstrafen vollstreckt worden (wobei das Gericht empfahl, die Exekution am Ort des Verbrechens zu vollziehen...). Die ganz Großen im Drogengeschäft bleiben - wie in dieser Branche so üblich - allerdings auch in Ägypten unbehelligt, ...wie es das Beispiel der zwanzig Abgeordneten der Regierungspartei Mubaraks verdeutlicht, deren eindeutige Verwicklungen ins Narko-Geschäft von einem sogenannten "Ethiktribunal" mangels an Beweisen nicht verfolgt wurde[21].

# *MALI, NIGER*

## Wüstengras

Das Nomadenvolk der *Tuaregs* handelt mit minderwertigem Marijuana, welches an den Gestaden des Nigers zwischen Bamako und Tombouctou gedeiht. Die scheuen kamelberittenen Nomaden transportieren den Stoff auf uralten Routen, vermeiden jedoch den Einzelhandel. Die Polizei ist -sofern überhaupt zugegen- apathisch, gleichgültig, korrupt. Sie läßt einen Europäer nach Entrichtung einer Art persönlicher Bestechungsgebühr ohne weitere Kontrollen seines Weges ziehen.
Die quantitativ und qualitativ wichtigsten Umschlagsorte sind Gaò und Tombouctou. Die Preise liegen etwa bei 5 US$ für eine große Plastiktüte voll...
**Bewaffnete Unruhen machen die Situation in Mali und Niger unsicher.**

# *WESTAFRIKA*

**Namen/Sorten:**
*Whee, wee-wee, weed* (**Ghana**), *lopito* (**Guinea, Sierra Leone**), *diamba, dagga, marijuana, ganja, haschisch* (überregional)

**Anwendung:**
Bis ins 17. Jahrhundert unbekannt. Heute: verbreitetes Rauschmittel, Aphrodisiakum, Trancemittel, mildes Naturheilmittel, Exportartikel.

**Anbaugebiete:**
In allen Staaten Westafrikas
**Rechtliche Situation:**
Benin, Elfenbeinküste, Ghana, Kamerun, Niger, Senegal: Gründerstaaten der Single Convention (1964).
Nigeria: Beitritt zur Single Convention 1969.
Togo: Beitritt zur Single Convention 1975.
In allen Staaten Besitz, Handel, Anbau illegal. Cannabis enorm verbreitet. Gefängnis theoretisch möglich, Polizei korrupt und gierig. Jedes Problem läßt sich durch Geld lösen. Zahlreiche Checkpoints an allen Hauptstraßen.
**Kriege toben zur Zeit (Mai 1994) in Sierra Leone und Liberia**
**Bewaffnete Unruhen in Nigeria**

**Hanfkulturelles:**
**Literatur:**
Richard Katz, *Num-Heilen in Ekstase* (Ansata-Verlag)

## ...un cadeau s'il vous plait!

Während Hanf in Ost- und Zentralafrika seit Jahrhunderten integriert und geschätzt ist, schaut er in Westafrika auf eine recht junge Vergangenheit zurück. Anfang dieses Jahrhunderts war Cannabis in weiten Gebieten Westafrikas eine völlig unbekannte Pflanze. Wahrscheinlich wurde das Hanfrauchen erst während des zweiten Weltkriegs von zurückkehrenden Soldaten aus Nordafrika, aus dem Mittleren und dem Fernen Osten eingeführt.
Bis in die sechziger Jahre gab es zwischen Nigeria und Senegal keinen nennenswerten Hanfanbau. Heute gedeiht das Kraut überall. Auf ehemaligen Obstplantagen, die aufgrund zerstörerischer Monokulturen und wegfallender europäischer Absatzmärkte ihre Produktion einstellen mußten, in Wäldern und

auf Bergen; ganz Westafrika gilt inzwischen als Marijuana-Anbaugebiet: Wie beispielsweise das Tal des Messurado River, die ghanaische Volta-Tiefebene um die Orte Tamale, Navrongo, Kintampo und die Ashanti-Berge.

In **Guinea** wurden Cannabis-Felder in Faranah, Kissidougou und Nzérékoré entdeckt, in der **Elfenbeinküste** stehen sie westlich von Sassandra, in der Gegend von Grand Bassam und im Waldgebiet bei San Pedro, sowie im Grenzgebiet von **Sierra Leone** und **Guinea**, hier weitverbreitet in Fouta Djalon und den Nimba-Bergen, wo das beliebte *lopito* gedeiht, aus dem ein besonders THC-haltiges Öl gewonnen wird.
Verbreiteter Anbau findet sich im **Senegal** (Niayes, Louga, Saloum-Inseln und Casamance, wo es gelegentlich zu lokalen Konflikten um die Cannabisfelder kommt) und an den Steilufern **Gambias**, einem wichtigen Produzenten und Exporteur Westafrikas.
In **Nigeria** gehören kleinere, private Cannabis-Felder zu jeder ländlichen Ansiedlung, professionelle Plantagen überziehen die östliche Nigertiefebene, etwa zwischen Owerri und Makurdi.
Im **Kamerun** gibt es, außer im Grenzgebiet zur **Zentralafrikanischen Republik** (größte Vorkommen im Quellgebiet der Flüsse Sanga, Lobaje und Uham) überwiegend nur privaten Marijuana-Kleinanbau. Der Hanf wächst zwischen Maniok, Mais und Bohnen.
In **Ruanda** finden sich zahlreiche Hanffelder im Nyungwe-Gebiet, in **Äquatorialguinea** im Tal des Rio Uoro M Bini[22].

Das Kraut hat in ganz Schwarzafrika als Rausch- und Naturheilmittel Einzug gehalten und ist auch da noch erhältlich, wohin sich längst kein Bierlastwagen mehr hinverirrt, geschweige denn etwas wie eine Apotheke zu finden ist. Jeder fliegende Händler und Schuhputzer verkauft -wenn es sein muß auch säckeweise- Hanf. Die Qualitäten variieren sehr, die Preise sind niedrigst.

Obwohl sich tagtäglich große Teile der westafrikanischen Bevölkerung inklusive ihrer Gesetzeshüter bekiffen, ist es überall illegal! Zwar finden Gesetze - außer vielleicht in der etwas wohlhabenderen Elfenbeinküste - prinzipiell wenig Beachtung; das bestehende Cannabis-Verbot aber dient Heerscharen unterbezahlter afrikanischer Polizisten als zusätzliche Einkommensquelle. Zum einen handeln sie selbst häufig mit Drogen, zum anderen müssen sich Ertappte freikaufen. Daher sollten diejenigen, die die Finger nicht vom Hanf lassen können, einen gewissen Betrag in Dollar oder Francs stets griffbereit haben. Alles andere ist der reine Wahnsinn.
Wer mit dem eigenen Fahrzeug unterwegs ist, hat sich auf ständige Straßenkontrollen einzurichten. Hier demonstrieren die morgens schon offensichtlich

berauschten Beamten gerne, wer das Sagen (und die Knarre) hat. Sie kontrollieren das Gepäck auffällig gründlich, bis der genervte Reisende mit einem "cadeau" (franz.: Geschenk) den Check beendet. Rechne mit einer Kontrolle alle zwanzig bis dreißig Kilometer, kalkuliere gut die Geschenke (z.B. Musikkassetten, Arznei, Klamotten, nur im Notfall Geld); ein Sheriff, der kein Geschenk bekommt, kann sehr unangenehm werden und auch ohne das Auffinden illegaler Substanzen die Reise erstmal beenden.
Großzügige Gaben beschleunigen sogar Grenz- und Zollprozeduren auf das erträgliche Maß von einem halben Tag oder noch weniger.

Das Gepäck des Reisenden interessiert Zöllner und Polizisten vor allem unter dem "was-kann-ich-davon-brauchen-Gesichtspunkt". Hat jeder Grenzer dann endlich was Schönes gefunden und es dem Besitzer abgeschwatzt, erfolgt der obligatorische Eintrag in das dicke, verstaubte Kontrollbuch. Nach herzlichsten Wiedersehenswünschen aller Beteiligten kann die Fahrt dann weitergehen.

*Thirteen suspects are currently assisting the Drug Squad in their investigations following the discovery on Monday April 4 of 19 cannabis plants at a compund on Kairaba Avenue. According to the police, the arrests were made at about 8.30 p.m., and one Foday Sanyang, who is believed to be the fourteenth accused, is still at large.*
*The Deputy Commander of the Drug Squad, Inspector Gai, told journalists that the accused will remain with the police. Meanwhile a thorough search for the fourteenth man is already in progress. In a related matter, 29-year-old Pierre Louis Kujabi was arrested recently in Latrikunda with 13 wraps of Cannabis and D100 which is believed to be part of the proceeds he has allegedly made from peddling drugs.*
*He is helping the police in their investigations.*

Aus der Gambischen Presse, 11. April 1994

# *ZENTRALAFRIKA*

**Namen**:
Traditionell: *bhangi* (Suaheli, Pygmäen, Sansibar, Kenia)
*Bang* (Bantu), *chamba* (überregional)
*Mfanga, liamba* (Ininga, Gabun)
*Diamba* (TchiLuba, Angola)
*Injaga* (Twa/Ruanda)
*Njemu* (Anyamwesi/Wassinyanga/Waschaschi/Néra/Tansania)
*Epangwe* (Ovimbundu, Ovambo)
*Mbange* (Thonga, Namaqualand)
*Uluwangula* (Sambia), *mbanji/mbanzhe* (Shona, Venda)[23]
*Kamugo* (Sudan)
*Dagga, djamba, marijuana, grass* (überregional)

**Anbaugebiete:**
Der Kleinanbau ist in ganz Zentralafrika verbreitet.

**Anwendungen:**
In der Medizin (Malaria, Schmerzen, Durchfall, Asthma, Ruhr, Blutvergiftung, Schlangenbisse), zur Jagd, Rauschmittel

**Rechtliche Situation/Sicherheit:**
Konsum, Besitz und Handel in allen Staaten Zentralafrikas illegal.
Theoretisch überall hohe Gefängnisstrafen für Besitz, Handel und Konsum.
Kenia, Tschad: Gründerstaaten der Single Convention 1964[24] (s. Anhang I).
Malawi: Beitritt zur Single Convention 1965.
Sudan: Beitritt zur Single Convention 1974.
Polizei auf allen Ebenen hochgradig bestechlich, ohne Engagement im Kampf gegen Drogen.
**Kriege toben im Sudan, Somalia, Äthiopien**
**Bewaffnete Unruhen: Kongo, Uganda, Zaire, Tschad**

**Hanfkulturelles:**
**Literatur:**
Hermann Wissmann, *Im Innern Afrikas*
Louis Lewin, *Phantastica* (Volksverlag Linden)

## Buschgeschäfte

Das ursprünglich nicht in Afrika beheimatete Cannabis breitete sich im 11. Jahrhundert durch islamische Händler aus Indien und Persien kommend über die fruchtbaren Niederungen des Nils bis zu den moslemischen Einwohnern Sansibars und Tansanias aus. Die arabischen Geschäftsleute hatten es auf das afrikanische Gold abgesehen, welches sie von den Bantu-Völkern der *Suaheli*, *Zulu* oder *Sotho* -im Tausch gegen orientalische Stoffe, Waffen und Gewürze- bezogen.
Die Bantus ihrerseits verfügten über alte Handelsbeziehungen zu den tief im afrikanischen Busch lebenden *Pygmäen*. Die zwergenhafte Buschmänner verehrten den Hanf und sorgten für seine rasche Verbreitung.
Spätestens im 16. Jahrhundert hatte sich der hedonistische Cannabisgebrauch in ganz Zentral- und Südafrika eingebürgert, von den *Tangejus* in Tansania bis zu den *Matabele* in Rhodesien[25].

## Dampf der Berge

Rund um den Äquator stößt man ab einer gewissen Höhenlage überall auf ein paar Stengel des Krautes - von Illegalität ist, selbst in vielen Hauptstädten nichts zu spüren. Recht starkes Marijuana gedeiht im Bamouto-Gebirge im Kamerun (wo übrigens neuerdings -versuchsweise- auch Coca angepflanzt wird[26]), in den Bergen rund um den Victoriasee und anscheinend auch im Sudan.

Im Kongo wird, entgegen sonstiger schwarzafrikanischer Gepflogenheiten, Haschisch (*black kongo*, *kongo mataby*) hergestellt, welches in den 70er und 80er Jahren sogar vereinzelt auf dem US-Markt aufgetaucht ist[27]. Überwiegend wird jedoch Marijuana produziert, welches oft mit anderen Kräutern versetzt wird. Zum Beispiel ist es eine weitverbreitete Sitte, Marijuana mit Stechapfel zu versetzen. Diese bitter-salzig schmeckende Mischung hat beträchtliche Nebenwirkungen (Herzrasen, Kopfschmerzen) und soll nach übertriebenem Gebrauch zur Verblödung führen...

Eine erstaunliche Spezialität kommt aus dem kleinen Malawi: Frisch geernteter Hanf wird mit Kuhmist bedeckt und eine Woche in der Sonne zum Fermentieren liegen gelassen. Nach dem Entfernen der eingetrockneten Scheiße kommt ein tabakfarbenes, hochgradig fermentiertes Gras zum Vorschein, etwas modrig im Geschmack, aber von unglaublicher Potenz. Da große Mengen dieser *Malawi cups* exportiert werden und viele südafrikanische Kiffer an den Nyasasee ("*See, in dessen Wasser sich der Sonnendunst wie Feuer spiegelt*"[28]) fahren, liegen die Preise für diese Spezialität selbst vor Ort etwa fünfmal höher, als für herkömmliches Marijuana[29].

Von außergewöhnlichen Fermentations- und Rauchpraktiken berichtet BRAU aus Namibia und dem im Süden der Kalahari-Wüste gelegenen Betsjoeanaland. Dort vergraben die Einheimischen eine Mischung aus Mist und *Dagga* und legen eine halbrunde mit einigen Luftlöchern versehene Tonscheibe darüber. Die Fermentationswärme führt zu einer langsamen Verbrennung der Mischung, aus den Luftlöchern strömt Rauch ins Freie, welchen die Kaffer auf dem Boden liegend einatmen.

> *Die Hottentotten, Buschmänner und Kaffern gebrauchten den Hanf jahrhundertelang als Heil- und Rauschmittel. Die Teilnehmer einer alten Stammeszeremonie im Sambesital inhalierten die Dämpfe eines schwelenden Hanfhaufens; später verwendete man Rohre und Pfeifen aus Riedgras und verbrannte die Pflanzensubstanz auf einem Altar. Die kongolesischen Kasai-Stämme haben einen alten Riamba-Kult zu neuem Leben erweckt, der den Hanf - anstelle der alten Fetische und Symbole - zum Gott und Beschützer vor körperlichem und geistigem Unheil erhob. Vereinbarungen werden mit Rauchwölkchen aus Wasserkürbispfeifen besiegelt. Das Rauchen von Hanf und das Schnupfen von Haschisch sind in kultischer Form in manchen Gebieten Ostafrikas, vor allem in der Nähe des Victoriasees, üblich.*
>
> Schultes/Hofmann, 1992

**Vorsicht: Malawi verfügte bis zu den (ersten) Wahlen im Mai 1994 über etwas seltsam anmutende Sittengesetze: So ist Männern das Tragen langer Haare gesetzlich verboten!**. Zur Ankunft im Airport von Lilongwe wurden hippieartige Touristen bis jetzt vor die Wahl, *Friseur oder keine Einreise*, gestellt. Zur Beendigung des Hastings-Banda-Regimes wird sich wohl einiges ändern. Die ersten Miniröcke (bislang auch verboten) wurden schon gesichtet...

> *Sieben deutsche Blauhelm-Soldaten in Somalia haben Haschisch geraucht und sind deshalb nach Hause geschickt worden. Bei der Kontrolle eine Konvois von Belet Huen nach Mogadischu seien 30 Gramm der Droge in einem Lastwagen gefunden worden. Ein Urintest habe gezeigt, daß sieben Soldaten Haschisch geraucht hätten. Sie seien entwaffnet und nach Deutschland geschickt worden.*
>
> STUTTGARTER NACHRICHTEN, 31. Januar 1994

Wobei aus dieser Meldung nicht geschlossen werden kann, daß in Somalia Haschisch gehandelt wird. Das alles beherrschende Rauschmittel Somalias ist das aufputschende und hungerdämpfende Kraut Khat (*Catha edulis*), welches auf allen Märkten legal gehandelt wird. Nur in ganz bescheidenem Umfang ist Hanf in Form von sudanesischem Gras im Umlauf. (Der Verfasser).

# *RUANDA*

## Elefantenjagd

In dem bergigen Land des Nilursprungs ist der *Injaga*-Konsum traditionell vor allem bei den männlichen Angehörigen der Twa-Pygmäen verbreitet.
Die Pflanzen werden hauptsächlich im Nyungwe-Gebiet in Feldern mit hochwachsenden Getreidearten (Mais) versteckt angepflanzt und nach einer etwa halbjährigen Vegetationsperiode geerntet, getrocknet und pulverisiert, um dann in aus Kürbissen oder Kokosnüssen hergestellten Wasserpfeifen (*urumogi*) geraucht zu werden. Das Urumogi-Rauchen wurde traditionell vor anstehenden Kämpfen und bei Elefantenjagden angewandt; *Injaga* steigert durch seine wachmachenden und schmerzstillenden Eigenschaften Mut und Kraft der Twa-Männer[30].

Heute wird Cannabis auch bei den Hutus und Tutsis, die zusammen fast 99% der Gesamtbevölkerung ausmachen, geraucht.

*Urumogi-Raucher in Ruanda.*

**Zur Zeit (Juni 1994) tobt in Ruanda ein blutiger Bürgerkrieg zwischen Hutu und Tutsis, dem innerhalb eines Monats 500.000 Menschen (!) zum Opfer fielen. An eine Reise in dieses Land ist gegenwärtig nicht zu denken. Menschenjagd!**

# *REUNION, MAURITIUS MADAGASKAR*

## Son zamal y monte

Auf der zu Frankreich gehörenden tropischen Insel Réunion wird Cannabis verbreitet auf Zuckerrohrfeldern und in Gärten, vor allem auf mittleren Höhenlagen des Inselwestens angebaut. Das *zamal* (Réunion) genannte Marijuana wurde im 18. Jahrhundert von afrikanischen Sklaven eingeführt und fand bei den verschiedenen ethnischen Gruppen der Insel Verwendung.
Traditionell rauchen die Kreolen bei ihren Opferritualen Zamal-Zigaretten. Das Hanfkraut soll angeblich Stärke und Ansehen verleihen. Der kreolische Ausdruck *"son zamal y monte"* (sein Zamal geht auf) bedeutet: "er ist wirklich verärgert".
Bei den aus Indien stammenden Hindus spielt Cannabis eine wichtige religiöse Rolle (*Lieblingspflanze von Shiva, Pflanze der Götter*) und obwohl sein Gebrauch eigentlich den Priestern vorbehalten ist, ist er auch in der hinduistischen Gemeinde verbreitet. Besonders die aus der Gegend von Kalkutta stammenden Alten rauchen noch regelmäßig Marijuana, wobei eine geheimnisvolle Aura ihre Leidenschaft umgibt.
Bei den Weißen auf Réunion kifft allenfalls der Nachwuchs, und die Chinesen (als vierte wichtige Volksgruppe) trinken.

Die medizinische Hanfanwendung ist durch rigorose französische Gesetze in den Hintergrund getreten. Traditionell wurden Übelkeit und Fieber mit Zamal behandelt, heute findet es sich nur noch in der Tiermedizin: als Immunmodulator für Hühner und zur Beruhigung aggressiver Hunde[31].

Aufgrund des großen hinduistischen Bevölkerunganteils auf Mauritius hat sich dort der indische Name *ganja* etabliert. Das Kraut ist sehr beliebt und verbreiteter als auf Réunion.
In Madagaskar wird Hanf *rongony*, *jea*, *jamala* oder *amale* genannt und vor allem von der schwarzen Bevölkerung konsumiert. Privater Kleinanbau ist überaus häufig.

# *REPUBLIK SÜDAFRIKA*

## *NAMIBIA/LESOTHO, SIMBABWE/MOZAMBIQUE*

**Namen:**
Traditionell: *dhagga/dagga* (überregional),
*dacha, lubange* (Ila, Namaland, Damaraland, Ovambo, alle Namibia)
*Nsandu, sangu, iNtsangu* (Kwa-Zulu, Natal)
*Mmoana* (Lesotho), *ugwayi abadala* (Rauch der Ahnen)
Heute: *dagga, grass, pot, Marijuana, haschisch, bhang* (Hindus)
*Muto kwane, bangue* (Mozamibique, Simbabwe)
*Ssruma, dumo* .(Mozambique, Kongo-River Gebiet)[32]
*Grass, pot, marijuana, Durban Poison*

**Anbaugebiete:**
*Natal, Transkei*
Kleinanbau weit verbreitet

**Anwendungen:**
Rituell (Ahnenkult), Entspannung, Berauschung, Aphrodisiakum
Medizinisch (Schmerzen, Schlangenbisse, Asthma, Tuberkulose, Krebs)[33]

**Rechtliche Situation/Sicherheit:**
Sambia: Beitritt zur Single Convention 1965.
Republik Südafrika: Beitritt zur Single Convention 1971.
Lesotho: Beitritt zur Single Convention 1975.
Besitz von Cannabis überall illegal.
Strenge Gesetze in der Republik Südafrika.
Bei kleinen Mengen Hanf Geldstrafen/Landesverweis.

Polizei in der Rep. Südafrika korrekt.
Viele Checks (auch bei öffentl. Verkehrsmitteln) an den Hauptstraßen vom Natal.
In Mozambique afrika-typische Gleichgültigkeit, Korruption verbreitet.
**Krieg tobt zur Zeit in Angola**
**Bewaffnete Unruhen in Lesotho und Mozambique**

# Gras der Erkenntnis

Während in einem breiten Streifen von Namibia bis Mocambique Jung und Alt größtenteils ungestört dem allgegenwärtigen Hanf zusprechen, wird die in der Republik Südafrika seit 1911 bestehende Prohibition[34] ziemlich streng überwacht: Kiffer werden gejagt und die (fast ausschließlich schwarzen) Kleinhändler eingeknastet. In den Zentren Johannesburg und Cape Town (Kapstadt) ist die Staatsgewalt recht präsent und Uniformierte checken bei Routinekontrollen an den Fernverkehrswegen neben allen Schwarzen auch verdächtig erscheinende Weiße (lange Haare, ungepflegte Erscheinung, Ohrringe u.s.w.). Hier erledigt sich die Sache nicht mit ein paar Geldscheinen: Es drohen - je nach Menge - saftige Geldstrafen, Gefängnis und Ausweisung[35].
Im Natal und besonders in der Transkei finden sich riesige Plantagen, die weit mehr als den (enormen) einheimischen Bedarf decken (Export hauptsächlich nach Großbritannien und in die USA)[36]. Das bekannteste südafrikanische Gras ist das *Durban.* Die Pflanzen werden über zweieinhalb Meter hoch, sind schmal, stark verzweigt und wegen ihrer langen, harzigen Blütentrauben auch im Lande sehr begehrt.
Botanisch Interessierte reisen am sichersten in einer Horde fetter, transpirierender Touristen im nagelneuen Neoplan-Reisebus - in den Großstädten werden entsprechende Ein- bis Dreitagesreisen angeboten...
Trotz des landesweiten Anbaus wird Cannabis auch importiert, es bestehen Handelsverbindungen nach Süd-Indien (Kerala) und Zentralafrika (Malawi).

Obwohl bei den meisten Völkern Schwarzafrikas der hedonistische Hanfgebrauch im Vordergrund steht, hat sich das Kraut auch zu einem wichtigen Naturheilmittel entwickelt. Bei den Hottentotten und Mfengu gilt es als Sofortmittel bei Schlangenbissen; in Simbabwe werden Malaria, Milzbrand, Schwarzwasserfieber, Bronchialerkrankungen und Blutvergiftung mit Dagga behandelt. Sotho-Frauen rauchen Hanf als Schmerzmittel während der Niederkunft, während die Tsongas das *Gras der Erkenntnis* sogar als das Universalheilmittel *(njegozifo zonke)* preisen[37].

> *Ein Richter in Simbabwe hat eine 71jährige Großmutter zu einer Geldstrafe verurteilt, weil sie auf Anraten eines Medizinmannes regelmäßig Marijuana rauchte. Wie die Zeitung 'Bulawayo Chronicle' am Dienstag berichtete, war Annie Ngwenya voll geständig. Ein Medizinmann habe die Droge zur Linderung ihres Asthmaleidens empfohlen.* Associated Press

Sehr verbreitet ist in Südafrika der Gebrauch des Antidepressivum *Methaqualon* ("Mandrax"), welches zusammen mit Alkohol eingenommen, aber auch mit Marijuana oder Haschisch vermischt in der Wasserpfeife geraucht wird[38]. In Mocambique ist die Pharmadroge mittlerweile inoffizielles Zahlungsmittel.

Bild Seite 41: *Auf dem Gebiet der ehemaligen SU finden sich alle drei Cannabis-Variationen. Der gewöhnliche Faserhanf (Cannab. sativa, links) in den Niederungen von Ukraine und Rußland; das zur Rauschmittelherstellung geeignete Cannabis indica zwischen Kaukasus und Himalaya und das kleinwüchsige Cannabis ruderalis (rechts) im Grenzgebiet zur Mongolei und Tibet.*

# Asien

# GUS (Ex-UdSSR)

## BALTIKUM, WEISSRUSSLAND, RUSSLAND, UKRAINE, ARMENIEN, ASERBAIDSCHAN, GEORGIEN, KASACHSTAN, KIRGISIEN, TADSCHIKISTAN, TURKMENISTAN, USBEKISTAN

**Namen:**

*Anascha, konopli, penka, haschisch*

**Anwendung:**

Seit 2000 v.Chr. als Tausch- und Rauschmittel der Skythen.
Rituelle Anwendungen in den baltischen Staaten und der Ukraine.
Wichtiger Faserlieferant und Exportgut des zaristischen Rußlands und der SU. Heute zunehmende Haschischherstellung und beliebtes Rauschmittel, Exportartikel.

**Anbaugebiete**:

Ukraine, Weißrußland (Faserhanf)
Kaukasusstaaten, Tadschikistan, Kasachstan, Usbekistan, Turkmenistan (wilde Vorkommen, Rauschmittelproduktion)

**Rechtliche Situation/Sicherheit:**

Sowjetunion, Ukraine, Weißrußland: Gründerstaaten der Single Convention 1964.
Verbote der Hanf-Rauschmittel im ganzen Gebiet der GUS. Gesetze kaum durchführbar und vor Ort belächelt. Geldstrafen für Kiffer (Gefängnisse überfüllt). Polizei: bestechlich und chronisch unterbesetzt.
**Kriege in Aserbaidschan, Georgien und Tadschikistan**

**Hanfkulturelles:**

**Literatur:**

André Sikojev, *Die Narten - Söhne der Sonne* (Diederichs-Verlag)

# Gussische Überraschungen

Erste Manifestationen von Hanfgebrauch auf dem Gebiet der heutigen GUS finden sich bei den in Südrußland lebenden berittenen *skythischen* Nomadenvölkern. Sie wußten schon gut 2000 Jahre v.Chr. um die berauschenden Eigenschaften der *penka* genannten Pflanze, so bei Ritualen anläßlich von Begräbnissen (‘heulende Skythen’) und in ihren sagenumwobenen Schwitzbäder im Rauch der mit Samen behangenen Blütenstände.
Auch der materielle Wert des Krauts war dem gefürchteten und angesehenen Volk wohlbekannt. Die Haschischgeschäfte mit Griechen, Assyrern und Osmanen florierten schon vor 4000 Jahren. Skythisches Dope im Tausch gegen griechisches Metall, orientalische Genußmittel gegen handwerkliche Gerätschaften des Okzidents, Philosophie gegen Naturwissenschaft[39].

Auf dem Baltikum wird seit Jahrhunderten die aus Hanfsamen bestehende Semieniatka-Suppe zubereitet, die zu Ehren der Verstorbenen zur Weihnachtszeit verspeist wird.
In der Ukraine gilt der Hanf als sicheres Mittel gegen Dämonen oder den bösen Blick[40], und von Fliegenpilzen (agnikumar) aufgeputschte Haustiere werden so lange in ein Hanffeld gejagt, bis sie wieder friedlich sind. Eine alte ukrainische Sage erzählt von einem fürchterlichen Drachen, der einst die Stadt Kiew heimgesucht hatte und der solange sein Unwesen trieb, bis ihn ein Held, dessen Gewand ganz aus Hanftuch bestand, in den Drachenhimmel beförderte[41].

Das zaristische Rußland des 17. und 18.Jahrhunderts profitierte vom Cannabis als wichtigstes Agrargut. 90 Prozent des Faserbedarfs der britischen Kriegsflotte (50 bis 100 Tonnen pro Schiff und Jahr) wurden aus Rußland importiert; das britische Weltimperium basierte tatsächlich auf Segeltuch und Tauen aus russischem Marijuana. Dem französischen Erzfeind war die britische Abhängigkeit von russischen Faserlieferungen wohlbekannt, und so vereinbarte Napoleon nach den siegreichen Kriegen gegen Preußen und Rußland mit Zar Alexander im *Frieden von Tilsit* (1807), daß Rußland der Kontinentalsperre beitritt und somit keine Faser Hanf mehr nach Britannien liefern darf.

Der unterlegene Zar Alexander unterzeichnete widerwillig, und umging listig die Sperre, indem er die begehrten Fasern über (neutrale) amerikanische Zwischenhändler an die Briten verkaufte. Die Kontinentalsperre versagte, und Napoleon fiel im Sommer 1812 erneut in Rußland ein, um diesmal jedoch vernichtend geschlagen zu werden[42].

In den fruchtbaren ukrainischen und weißrussischen Niederungen an der Moldau wird Hanf (*konopli*) seit jeher im industriellen Ausmaß zur Fasergewinnung angebaut (1991: 58000 ha offizieller Hanfanbau[43]). Das Kraut enthält so gut wie keine rauscherzeugenden Substanzen und ist auch aus einem anderen Grunde in ganz besonderem Maße bedenklich: Die Böden rund um Kiew werden dank des Super-GAU von Tschernobyl noch über Jahrhunderte hinaus hochgradig verstrahlt sein...
Solange über die Anreicherung von Radioaktivität im Hanf/Marijuana keine gesicherten Untersuchungen vorliegen, sollte ukrainisches Cannabis auf keinen Fall geraucht werden, obschon viele Einheimische das Kraut als Tabakersatz gebrauchen.
Die auf dem gussischen Schwarzmarkt gehandelten und auch exportierten Cannabisprodukte stammen überwiegend aus Gebieten, die 3000 Kilometer östlich von Tschernobyl liegen. Eine radioaktive Belastung ist unwahrscheinlich und würde dann eher aus dem Atomversuchsgelände in Baykonur (Zentral-Kasachstan) stammen.

Die Menschen der moslemischen GUS-Staaten haben - trotz ausgeprägter Sowjetisierung in den letzten 80 Jahren - ihre alten Traditionen nie aufgegeben. Cannabis ist dort als Rauschmittel auch heute noch präsent und gesellschaftlich akzeptiert. Neben dem zu deckenden Eigenbedarf sind es immer mehr die möglichen Profite im internationalen Drogenhandel, die in den Kaukasusstaaten Georgien, Armenien und Aserbaidschan die Hanffelder aus den Boden schießen lassen[44].
Vom Kaukasus bis nach China kommt Cannabis auch in einer kleinwüchsigen, aber THC-produzierenden Abart wild vor, die Hanf-Varietät *Cannabis ruderalis*[45].

Über unglaubliche Entfernungen erstrecken sich die Felder am Nordwestrand des Himalayas. Von den Gestaden des Amudarja in Turkmenistan bis weit hinauf in die kasachischen Steppen und Wüsten, wild und frei. In der Moiyn-Kumy-Wüste gedeiht eine besonders dürreresistente Hanfsorte, potent aber wenig ertragreich. Gerade in dieser Gegend fanden aber auch zahlreiche sowjetische Atomversuche statt (Baykonur).

Im kasachischen Cû-(Tschu-)Tal bei Dshambul wächst wilder Hanf auf 4500 Quadratkilometern Fläche. Er gilt als natürlicher Erosionsschutz und wird heute vermehrt zur Drogenherstellung benutzt. Die Ernte- und Herstellungsgebiete werden von bewaffneten Arbeitern geschützt[46].
Der Preis liegt im Einzelhandel bei etwa 1 Dollar für eine Streichholzschachtel voll Haschisch[47].

> *Die Ursache des weltweiten Konsums von Haschisch, Opium, Wein und Tabak liegt weder im Geschmack noch im Genuß, weder in Entspannung noch Heiterkeit, sondern einfach im Bedürfnis eines Menschen, vor sich selbst die Ansprüche des Bewußtseins zu verbergen, denn der Mensch ist sowohl ein spirituelles als auch ein animalisches Wesen.* Leo Tolstoi

> *Im tadschíkischen Duschanbe floriert der Anbau und Handel von Pamirischem Haschisch, die wenigen Polizeibeamten neigen eher dazu, über die Wohltaten von koknar* (Opium, der Verf.) *und Cannabis zu sprechen, als die illegalen Kulturen auszurotten.* Observatoire géopolitique des drogues

> *Irgendwann wird man sich des Feldes erinnern. Das ist eine schlummernde Reserve.*
>
> Volker Brandt, Kriminaldirektor beim BKA, über die Hanfvorkommen im kasachischen Cû-Tal sinnierend

In Kirgisien werden nach einem Bericht der *J.V. Dialogue Soviet Press Digest*[48] etwa 3000 Hektar Land mit *Anascha* bepflanzt.
Die Gebiete der ostkaspischen zentralasiatischen Ex-UdSSR-Republiken gelten als die botanische Heimat des Hanfs. Die Pflanze stellt den größten Schatz der kargen Natur dar, ist Faser-, Öl- und Brennstofflieferant. Die enthaltenen Drogen werden vielseitig verwendet. In Usbekistan wird eine Salbe aus Lammfett und Haschisch von frisch vermählten Frauen vor der Entjungferung zur Schmerzlinderung benutzt. Das süße *guc-kand*, aus Zucker, Hanf, Safran und Eiweiß hergestellt, wird Knaben vor der schmerzhaften Prozedur der Beschneidung als Beruhigungs- und Schmerzmittel gegeben.
Die begehrteste Hanfzubereitung ist jedoch der stark aphrodisierende "Glücks-Pudding". Seine Bestandteile sind Butter, Hanf, getrocknete Rosenblätter,

Anacyclius pyrethrum-Wurzel, Nelkenblätter, Krokus, Muskatnuß, Kardamon, Honig und Zucker[49].

Weite Landstriche im Gebiet der ehemaligen UdSSR sind für profitablen Hanfanbau zu trocken und zu kalt, die Grenze des Hanfbaus liegt um den 55. Breitengrad. So wächst Cannabis noch im Altai-Gebirge, 500 Kilometer südlich von Nowosibirsk, um das Quellgebiet des Jenisseis mit seinem Handelszentrum Kysylin, nördlich des Tannug-Gebirges, auf dem Witim-Plateau östlich des Baikalsees und am Amur bei Chabarowsk, in der fernen Mandschurei. In allen Cannabisanbaugebieten der südlichen und östlichen Regionen, wird auf den Märkten Haschisch oder Hanfkraut gehandelt. Verbote sind oft das Papier nicht wert, auf dem sie stehen.

In den Millionenstädten Moskau (Moskva) und Sankt Petersburg ist Kiffen beim russchischen Nachwuchs zum Massenphänomen geworden[50].
Auf dem Rubelmarkt kursiert Marijuana aus den südlichen GUS-Staaten, besonders aus dem Kaukasus.
Devisenbesitzern bietet der russische Schwarzmarkt alles, was das (kranke) Hirn begehrt, Massenvernichtungsmittel und fünfjährige Mädchen inklusive, ...aber auch weniger Widerwärtiges, wie Haschisch, welches über die unbewachten Grenzen zwischen Afghanistan, Tadschikistan und Usbekistan von Soldaten, LKW-Fahrern, Schaffnern (die im Übrigen auch den Wodkahandel in den Zügen betreiben) und professionellen Schmugglern (meist aus Aserbaidschan) gebracht wird.
Das Grenzkaff Termes gilt inzwischen als einer der Hauptdrogenumschlagsorte Asiens.

Der Chef der russischen Antidrogenbehörde, General Alexander Sergejew wartet im *Jahresbericht des OGD* mit Zahlen auf: So gab es Mitte 1992 in Rußland etwa 1,5 Millionen, und im ganzen Gebiet der Ex-UdSSR bis zu 7,5 Millionen Drogenkonsumenten (wobei auf Unterscheidungen nach einzelnen Drogenarten verzichtet wurde), die für etwa 50 Milliarden Rubel (umgerechnet zum damaligen Kurs ca. 220 Millionen DM) illegale Rauschmittel erwarben.
Seit 1992 unternehmen die GUS-Staaten untereinander schlecht koordinierte Antidrogen-Aktionen. Wie die Operation "Schwarzmohn 92", an der allein in Rußland 68.000 Personen (darunter 52.000 Polizisten) beteiligt waren. Hierbei wurden 13.500 Rechtsübertretungen festgestellt, es wurden lächerliche 22 Hektar Mohn und rund 10.000 Hektar Hanf (etwa 1 Prozent der Gesamtfläche) vernichtet, 7348 Personen wurden verhaftet und 2654 angeklagt[51].

# TÜRKEI

**Namen/Sorten:**
*Nasha, esrar ("das Geheime"), hajfu, kabak, yesil ("das Grüne"), siyaz ("das Schwarze")*
*Grüner Türke, Gelber Türke*

**Anwendungen:**
Rauschmittel seit der Antike, Faser- und Ölpflanze

**Anbaugebiete:**
Zentralanatolien. Kleinanbau im ganzen Land.

**Rechtliche Situation/Sicherheit:**
Beitritt zur Single Convention 1967. Strenges Cannabisverbot.
Besitz zum Eigenverbrauch bis zu 5 Jahre Knast.
Bandenmäßiger Schmuggel: Todesstrafe. Kronzeugenregelung.
Polizei im Zusammenhang mit Drogen (oder Kurden) schweinisch.
Auf allen Ebenen korrupt.

**Hanfkulturelles:**
**Literatur**
Rudolf Gelpke, *Vom Rausch im Orient und Okzident* (Ullstein-Verlag)

## Schlitzohren, Schwaben und das Wunderkind

*Rauch nit zuviel Orient, weil dich sonst der Schädel brennt*
Aufschrift einer Wiener Tabakdose, 1794

Jeder Drogenbesitz wird in der Türkei überaus hart bestraft, **bei bandenmäßigen Schmuggeldelikten droht die Todesstrafe!**. Selbst der Besitz zum Eigenverbrauch kann mit bis zu 5 Jahren Gefängnis bestraft werden[52]. Eigens für solche Fälle wurde in Istanbul das *Bhayram Pascha* - Gefängnis, das übelste Loch westlich des *Bosporus,* gebaut[53].
Bei Drogendelikten (egal ob Opium, Heroin oder Haschisch) gibt es für Konsumenten nur eine Chance um nicht einzusitzen: den Verrat! Im türkischen

*Nach der Arbeit die verdiente Belohnung...*

Recht findet die Kronzeugenregelung Anwendung: Verpfeift der Konsument den Dealer, so geht er straffrei aus; ermittelten die Behörden bereits gegen den Händler, dann halbiert sich die Strafe. Ob ein Verräter allerdings auch nur eine Woche Bhayram Pascha überlebt, ist mehr als fraglich. Verrat wird in der türkischen Unterwelt mit dem Tod bestraft.

In Istanbul wird die angespannte Lage von einheimischen Spitzbuben ausgenutzt, indem sie an Touristen in dunklen stinkenden Ecken Haschisch verkaufen, welches einen Augenblick später finster dreinschauende Kumpels im Polizeikostüm "beschlagnahmen". Diese bitten auch kräftig zur Kasse[54]. Eine ärgerliche Erfahrung zwar, aber kein Vergleich zu der mittleren Katastrophe, sollte der Käufer echten Beamten zum Opfer fallen.

Glücklicherweise finden sich überall in der Türkei liebenswerte Menschen, die dem Reisenden eine für uns beschämende Gastfreundschaft entgegenbringen und gerne in bestem Schwäbisch von ihrem Leben in Sindelfingen und Izmir erzählen. Über Hanf wird ungern gesprochen, am ehesten nach zwei Flaschen Raki.

Die Haschischherstellung konzentriert sich auf die Höhenlagen Anatoliens, auf die Höhen des Toros Daglari, etwa zwischen Aksehir, Karaman, Burdur und Isparta. Der Hanf wird großflächig und ohne besondere Sicherheitsvorkehrungen angepflanzt.
Es wird nach der *marokkanischen Methode* staub-getrocknet, grob gereinigt, unterschiedlich fein gesiebt und heiß gepreßt. Auch hier gilt: Je reifer die Ernte, desto brauner und weicher das Haschisch. Aus Furcht vor den allherbstlichen Regenfällen ernten die Hanfbauern Anatoliens meist etwas verfrüht, um die Pflanzen zum Nachreifen im Dachstock ihrer Häuser aufzuhängen. Natürlich mir den Spitzen nach unten, das treibt den in den Stengeln verbliebenen Saft in die Blätter und Blüten. Das Haschisch aus nachgereiften Pflanzen ist grüner, der THC-Gehalt geringer. Die potentesten Haschischsorten wie das *hafju* (wäßriger Auszug der Blüten, der unter niedriger Flamme eingedickt wird) scheinen im Lande zu verbleiben; das in Mitteleuropa gehandelte türkische Dope ist oft gestreckt (mit Sand oder Erde) und dennoch teuer[55].
Das türkische Wort "*hashas*" bedeutet übrigens Opium und nicht etwa Haschisch[56].

Cannabis wurde einst von den geschäftstüchtigen skythischen Nachbarn eingeführt. Durch ihre ausgeprägte Handels- und Eroberungstätigkeit sorgten die Osmanen für die rasche Verbreitung orientalischer Produkte. Vor allem Genußmittel wie Kaffee oder Haschisch fanden in Europa schnell ihre Abnehmer.

Wolfgang-Amadeus Mozart schwörte zum Beispiel auf eine potenzsteigernde Kräutermischung, die "Damascener Pillen" hieß und neben Zucker, getrockneten Früchten und Spanischer Fliege auch *Smyrna-Pulver* (Haschisch) enthielt. Haschischhaltige Pastillen werden in der Türkei bis heute als *esrar* ("das Geheime") geschätzt. Alla turca!![57]

# *LIBANON*

**Namen/Sorten:**
*Haschisch el-keif, zahra (Blüte)*
*Roter Libanese, Gelber (blonder) Libanese, Liban-Öl, Red Bird*

**Anwendungen:**
Handelsware, Rauschmittel

**Anbaugebiete:**
Gebiete um *Hermel* und *Baalbeck*

**Rechtliche Situation/Sicherheit:**
Beitritt zur Single Convention 1965.
Haschischbesitz 1 bis 5 Jahre, Handel/Schmuggel 3 bis 15 Jahre Gefängnis.
**Gesetzloser Zustand in den Kriegs- und Nachkriegswirren**.
Recht des Stärkeren. Polizei/Miliz: mißtrauisch, Schußwaffengebrauch.

## Die Farben des Kriegs

Das vom christlich-islamischen Bürgerkrieg gemarterte Land, einst als Schweiz des Orients bekannt, ist zur Zeit kein Urlaubsziel. Überall im Land, besonders aber in Beirut sind die Folgen der fünfzehnjährigen Kämpfe noch gegenwärtig. Vielleicht führt die israelisch-palästinensische Annäherung mittelfristig zu einer Entspannung der Lage, die Entwicklung ist aber noch zu neu, um an Entwarnung denken zu lassen.
Cannabis ist im Libanon *das* Geschäft schlechthin und es wird mehr denn je angebaut. Haschisch ist für alle Kriegsparteien Devisenbringer Nr. 1, das einzige landwirtschaftliche Gut, welches den enormen Finanzbedarf für die Kriegsführung decken kann

*Beim Sieben des Hanfes hilft die ganze Familie.*

*Auch im Bürgerkrieg spielte das Rauschgift eine nicht unwesentliche Rolle. Im Libanon ist es ein offenes Geheimnis, daß die christlichen Kampfverbände einen Teil ihrer Waffenkäufe mit Haschisch finanzierten. Die Kämpfer hinter den Barrikaden waren häufig high. Das amerikanische Magazin TIME behauptete unlängst, daß die PLO den Schmuggel von libanesischem Haschisch nach Israel kontrolliert und daran nicht schlecht verdient.*

Frankfurter Rundschau, 22. August 1977

Der Hanfanbau findet in den nördlichen Gebieten, in der Gegend von Hermel und in Baalbeck (Ba'labakk)[58], nahe der syrischen Grenze, bis zur Erntezeit in einer trügerischen Idylle statt. Erst im September kommt es zu bitteren Ernte-Kämpfen zwischen den Syrern und den christlichen *Gemaiels*[59]. Der Handel liegt in der Händen einiger Familienclans, die sich nicht gerne in die Karten schauen lassen und denen am Leben eines neugieriger Fremden nichts liegt. Das ganze Land ist von Checkpoints durchzogen, Betrug und Mißtrauen sind allgegenwärtig[60].

Die Pflanzen werden auf dem Feld gelassen bis sie tiefbraun und fast abgestorben sind, nach der Ernte werden sie durch ein Seidengewebe gesiebt. *Roter Libanese* besteht aus dem gepreßten Staub hochreifer Pflanzen, die nach der Ernte in einem luftdichten Raum gelagert und regelmäßig gewendet werden. Nach einigen Wochen ist die Fermentation abgeschlossen. Die Bauern machen sich nun mit Dreschflegeln über die wertvolle Ernte her und sondern die Stiele aus. Durch die Anwendung von Sieben verschiedener Maschenweite entsteht unterschiedlich feines Haschischpulver, welches gewogen, in Leinensäcken abgefüllt und darin zu Platten gepreßt wird.
Nach Einprägung des Markenzeichens, von denen es an die 200 verschiedene im Libanon geben soll, werden die Haschischplatten in Plastik verpackt und kommen in den Vertrieb. Aus etwas früher geerntetem Hanf wird in beschriebener Prozedur der *Gelbe (Blonde) Libanese* gewonnen. Der THC-Gehalt innerhalb der verschieden libanesischen Haschischsorten ist relativ konstant und liegt in marokkanischen Größenordnungen. Der Stoff ist harzig, meist recht locker gepreßt und von aromatisch-würzigem Duft[61].

Produziert wird in industriellen Größenordnungen. Größere Wasserreservoirs stehen unter Kontrolle von Armee und Miliz, die sich das zur Cannabisaufzucht benötigte Naß von den Landwirten teuer bezahlen lassen.
Die Jahresernte liegt nach vorsichtigen Schätzungen bei etwa 1000 Tonnen, das entspricht einem Exporterlös von etwa 1 Milliarde Dollar.
Im Vergleich hierzu erreichten 1985 sämtliche offiziellen Exporte des Landes nur 650 Millionen Dollar)[62].

Den größten Anteil dieser enormen Umsätze sichern sich eine handvoll christlicher Clans, welche über Reedereien, Frachtschiffe, LKW's, vor allem aber über beste Beziehungen zur Politik und zur (Rest-) Wirtschaft verfügen [63]. Neben Europa gelten Ägypten und Israel als wichtigste Abnehmer, wobei im letzten Fall die PLO in den einschlägigen Geschäften involviert sein soll. Olet non volet.

# *ISRAEL*

**Namen:**
*Kanbus* (hebräisch), *haschisch, kif*

**Anwendung:**
Traditionell: Faserpflanze. Heute: Rauschmittel

**Anbaugebiete:**
Keine bekannt

**Rechtliche Situation/Sicherheit:**
Gründerstaat der Single Convention 1964.
Besitz und Handel verboten.
Für Konsumenten Geldstrafen, Knast möglich.
Polizei: mißtrauisch, korrekt.

## Kanbus und kif

In der jüdischen Religion waren und sind berauschende Substanzen -im Unterschied zum Islam- nicht verpönt. Doch obwohl es rund um Palästina bekannt war, erlangte das Haschisch im Judentum nicht auch nur annähernd die Bedeutung, die dem Alkohol zukommen sollte. Das -auch in einigen Bibelstellen erwähnte- Cannabis (talmudisch: *kanbus*)[64] galt als Faser- und Nahrungspflanze; als religiöses und hedonistisches Rauschmittel galt und gilt jedoch der Rebensaft.

Ab 1948 immigrierten Hunderttausende Juden aus aller Welt in den neu gegründeten Staat. Sie kamen aus Europa und den USA, aber auch aus arabi-

schen Staaten. Alle hatten ein Stück heimatlicher Geschichte und Kultur im kärglichen Gepäck; die persischen Juden das Opium, die aus Marokko stammenden Siedler die Vorliebe für das *Kif*.
Die aus dem Westen kommenden Einwanderer wurden relativ wohlhabend und wehrhaft; die arabischen Juden (und die ansässigen Palästinenser) blieben dagegen eine wenig betuchte und etwas am Rande der Gesellschaft lebende Minorität, in welcher der traditionellen Rauschmittel weiterhin gehuldigt wurde[65].
Dann kam der Sechs-Tage-Krieg 1967 und mit ihm tiefgehende Veränderungen in der israelischen Gesellschaft. Nach dem enormen militärisch-politischen Erfolg blies plötzlich ein Wind des Aufbruchs durch die Krusten des Staates. Israel wurde zur Anlaufstation amerikanischer und europäischer Hippies[66]. Und schlagartig kam dem Hanf eine zentrale Rolle in der Völkerverständigung zu, kennzeichnete der gemeinsame (illegale) Konsum doch die Zusammengehörigkeit. In Künstlerkreisen, an Hochschulen und an Universitäten. Der Haschischgenuß wurde zum Symbol von "Anti-Establishment" und von Selbstverwirklichung einer erwachenden Jugend[67].

Heute läßt sich die israelische Hanfsituation mit der Europas vergleichen. Jeglicher Umgang mit Cannabis ist verboten, Hunderttausende kümmert dies aber nicht. Besonders libanesisches Haschisch ist weit verbreitet.
Erstmalige Cannabisbagatellen führen kaum ins Gefängnis, Ausländer riskieren allerdings einen Landesverweise.

# *IRAK, SYRIEN*

## Kraut der Armen

> *Ein Weintrinker, ein Opiumesser und ein Haschischraucher kamen einst nach einer Wanderung an das schon verschlossene Tor einer Stadt. Der Trinker fluchte lautstark und polterte an das Tor. "Laß gut sein", sprach der Opiumesser, "Wir warten hier, bis wieder geöffnet ist." Der Haschischraucher nahm ein paar tiefe Züge und sprach: "Laßt uns doch versuchen, durch das Schlüsselloch zu schlüpfen!"*
>
> Orientalisches Märchen

Cannabis wird in der moslemischen Gesetzgebung *sharia* nicht namentlich verboten. Obwohl von den *olema* (islamische Rechtsgelehrten) der Genuß be-

rauschender Substanzen als Sünde angesehen wird, wurde das Rauchen von *al-haschisch* die in den meisten muslimischen Ländern am weitesten verbreiteten Ausnahme.
Der Hanf galt zwar immer als Kraut der Armen (*haschischat al-foqara*), er fand aber auch immer in allen Gesellschaftsschichten seine Verehrer[68].

Zwei Grundtypen des Haschischgebrauchs lassen sich dabei unterscheiden: einerseits der Konsum zur Flucht aus Ungerechtigkeit, Armut und Hoffnungslosigkeit, und andererseits der Genuß im Freundes- und Bekanntenkreis zur Steigerung von Geselligkeit und Spaß, also zur Pflege sozialer Kontakte. Mäßiger Konsum unterliegt keinerlei gesellschaftlicher Ächtung, wird aber dennoch nur im engsten Kreis praktiziert.
Lediglich die *mudmen* (Haschischsüchtige) genannten Dauerkiffer der Unterschicht werden mit einem gewissen Argwohn betrachtet[69].

Bei Hochzeiten ist es unter den männlichen Gästen Sitte, in lustiger Runde (*dschalasat*) mit Tabak und Haschisch gestopfte Wasserpfeifen (*qalyan, nargileh*) oder bis zu zwei Meter lange *Tschopoq*-Pfeifen zu rauchen.
Cannabishaltige Süßspeisen und Getränke, wie beispielsweise das *duq-e wahdat* (Buttermilch der göttlichen Einheit), eine Mischung von Haschisch, Zucker und Milch, sind ebenfalls recht beliebt.
Staatliche Verbote (in allen islamischen Ländern!!) und gelegentliche Razzien konnten die Allgegenwart des Hanfs nie einschränken, sondern bewirkten lediglich eine gewisse Verteuerung.

Orientalische Viehhändler führen ihre Tiere gelegentlich durch die Hanffelder, um den Appetit, den Gesamtzustand und somit den Wert ihrer Tiere zu steigern[70].

# Kriegerische Zeiten

Von den Skythen einst eingeführt, diente Haschisch in Mesopotamien (heute Irak) und Assyrien schon früh als Heilmittel gegen Schlaflosigkeit, Rheuma, Blasenleiden, Magenprobleme, Lungenerkrankungen und Impotenz. Kummer, Not und Sorgen ließen sich durch Einatmen von Hanfrauch bekämpfen - eine Sitte, die von skythischen Handelspartnern übernommen wurde. In Mesopotamien hieß das Kraut *azallû*, oder "*Pflanze des die Sorgen Vergessens*"[71]; die Assyrer nannten es *qannapu* oder *ganzigunnu*. Haschisch hieß *martakal*.

Heute wird Hanf zum Eigenbedarf im kleinbäuerlichen Rahmen zu Eigenbedarfszwecken in den wasserreichen Gebieten zwischen Euphrat und Tigris kultiviert, über Großanbau ist nichts bekannt.

In Syrien findet kein nennenswerter Anbau statt, man profitiert von den Anpflanzungen im besetzten Libanon. Syrische Beamte kassieren Schutzgelder von den Bauern und die syrische Armee ist im ganz großen Dope-Business verstrickt. Wie beispielsweise der angesehene General Ghazi Kanaan, der - einem Bericht der DEA zufolge- einer Connection von 16 hochrangigen Dealern Protektion gewährt. Zu des Generals Begünstigen zählen auch der Chef des syrischen Geheimdienstes (Ali Duba) und der Bürgermeister von Baalbeck. Der 1993 in Spanien verhaftete 'Pate des Terrors' Munther Al-Kassar soll neben Waffengeschäften auch in den Drogenhandel mit der syrischen Spitze verwickelt gewesen sein, es ging es hier allerdings auch um große Mengen harter Drogen aus illegalen libanesischen Labors.

> *Der Bericht des für Verbrechen und kriminelle Akte zuständigen Unterausschusses in Washington fordert die gerichtliche Verfolgung wegen Drogenhandels und nennt unter anderem Präsidentenbruder Rifat al-Assad und Verteidigungsminister Mustafa Tlas. In diplomatischen Kreisen in Damaskus werden eine ganze Reihe hochrangiger Armee- und Geheimdienstoffiziere mit dem Drogenhandel in Zusammenhang gebracht.*
>
> SONNTAG AKTUELL, 12. Juni 1994

Kein Wunder, daß *groß angelegte* Beschlagnahmungs- und Vernichtungsaktionen libanesischer Polizei- und syrischer Geheimdiensteinheiten nichts anderes als eine medienwirksame Show sind. Bei der letzten im Jahre 1991 wurden nach einem weltweit veröffentlichten Bericht angeblich 20 Prozent der 2000 erntereifen Hektar Cannabis vernichtet. Die Recherche eines OGD-Korrespondenten brachte andere Zahlen an den Tag: Tatsächlich wuchs in der besagten Region Hanf auf 12.000 Hektar, von denen lediglich fünf Hektar in Flammen aufgingen.

# *IRAN*
## *(PERSIEN)*

**Namen:**
*Al-haschisch, gosale, hafion, mapouchari, masmach, banj, darakte-bang, kanab*

**Traditionelle Anwendung:**
Religiöse Offenbarung. Traditionelles Rausch- und Nahrungsmittel, Handelsartikel

**Anbaugebiete:**
nicht bekannt

**Rechtliche Situation/Sicherheit:**
Beitritt zur Single Convention 1972.
Todesstrafe auf Drogenhandel, die Drogengesetze dienen oft als Vorwand, politische Gegner hinzurichten.
Polizei hart, Privatsphäre sicher.

**Hanfkulturelles:**
**Literatur:**
Jürgen Thorwald, *Macht und Geheimnis der falschen Ärzte* (Droemer-Knaur-Verlag)
E. Polak, *Persien, das Land und dessen Bewohner*
J. Hammer-Purgstall, *Die Assassinen*
Fritz Meier, *Das Buch der schönen Mahsati*

## Persische Begegnungen

Das seit etwa zwei Jahren wieder für den Touristen zugängliche Land ist von seiner islamisch-fundamentalistischen Weltanschauung und der damit einhergehenden Doppelmoral geprägt.

Im ehemaligen Persien wurden Hanf und Mohn stets für den großen Eigenbedarf, aber auch zu Exportzwecken angepflanzt. Schon der Schah machte sich die Kritik seiner Freunde im Westen zunutze und liquidierte Regimekritiker unter dem Vorwand, sie wären Rauschgifthändler. Diese Praktik wurde von den Mullahs übernommen und perfektioniert, worauf die in **Tehrân** (Teheran) regelmäßig stattfindenden Massenhinrichtungen angeblicher Drogenhändlern hinweisen[72].

Daß im Iran deswegen je ein Mangel an Haschisch bestanden hätte, wird von niemandem behauptet. Hinter verschlossener Haustür legen Einheimische die auf den Straßen herrschenden Vorschriften ab. Plötzlich sind die Frauen entschleiert, aus dem Kassettenrecorder dudelt Michael Jackson, zuweilen gibt es auf dem Schwarzmarkt erhältliche alkoholische Getränke, und traditionell wird die Wasserpfeife, *ghalian (galyoun)* oder *narghil (nardschil*) genannt, gestopft. Nichtraucher laben sich an der unerschöpflichen Vielfalt orientalischer Süßigkeiten, wie dem bis nach Marokko beliebten *majoun*, einem Konfekt aus Datteln, Nüssen, Feigen, Honig, Ingwer, Muskat, Zimt, Butter und Hanf[73], oder der *Dawamesk*-Konfitüre (auch *rahat loukoum* genannt), welche aus Haschisch, Zimt, Pistazie, Muskat und Zucker hergestellt wird.
Privater Hanfumgang wird von den herrschenden Mullahs letztendlich geduldet. Von der persischen Gastfreundschaft schwärmen alle, die der westlichen Propaganda zum Trotz in das Land gereist, und dann viel länger als eigentlich geplant dort geblieben sind.

# Die Ahnen des Aga Khan

Cannabisanwendungen gehen im Iran auf das Volk der *Parsen* zurück, welche vom 8. Jahrhundert v.Chr. bis zum 5. Jahrhundert n.Chr. im Kushrud-Gebirge lebten. Aus ihrer Mitte stammt der Religionsstifter *Zarathustra,* und es sollen von hier einst drei *magi* (weise Männer) ins ferne Palästina zur Geburt eines Kindes gepilgert sein, die sagenumwobenen “Heiligen Drei Könige”. Die Parsen nutzen Hanf (altiranisch: *bhanga*, “Rauschmittel”) als Bestandteil betäubender Weihrauchmischungen[74].
Die im gesamten Mittleren Orient verbreiteten *Sufis*, die sich -teilweise auch auf Zarathustras Lehren gründend- zu einer mystischen islamischen Sekte entwickelten, benutzten Haschisch als Sakrament. Es diente als Wegbereiter göttlicher Offenbarung, der Erlangung heiliger Einheit mit Allah und einer höheren Erkenntnis[75].

Wer vom Hanf im alten Persien spricht, muß von der sagenumwobensten islamischen Glaubensgruppe überhaupt, den *Assassinen* (Nizari, Ismaeliten) sprechen.
Der von dem persischen Wort *haschaschyyin* (Haschischfresser) abgeleitete Namen steht bis heute im romanischen und englischen Sprachraum als Syno-

nym für Mordlust und Attentat; es war das wenig schmeichelhafte Schimpfwort für die im Norden Persiens lebenden abtrünnigen Schiiten, die den siebten Nachkommen Mohammeds, Ismael, als den einzig rechtmäßigen *Schatten Allahs auf Erden* (Kalifen) verehrten.

Unter ihrem Führer *Hassan ben Sabah* (auch: *Scheikh al Deschebel* = Der Alte vom Berg) breiteten sie sich Ende des 11. Jahrhunderts schnell von Syrien bis Pakistan aus. Dabei waren die Ismaeliten in der Wahl ihrer politischen Mittel ebenso einseitig wie erfolgreich: Man bediente sich des konspirativen Meuchelmords und schickte damit innerhalb weniger Jahre hunderte schiitischer Würdenträger ins Jenseits.

Ob böser Wille oder Unachtsamkeit der Geschichtsschreibung, es wurde zu einer der hartnäckigsten Legenden, daß Haschisch die assassinische Mordlust beflügelte. Tatsächlich enthielten sich die *fidai* (Todesengel) genannten Attentäter ab dem Zeitpunkt eines Mordauftrags jeglichem Haschischgebrauchs. Denn "*Haschisch macht sanft, der Dolch trifft dann nicht, da das Herz zu Zärtlichkeiten neigt*", wie Hans-Georg Behr eine alte Nizari-Schrift zitiert.

Schon dreihundert Jahre bevor die Mongolen 1527 das Assassinen-Reich zerstörten, erließ Anführer Hasan III ein generelles Haschischverbot.

Noch heute existiert die Sippe der Ismaeliten. Ihr Großmeister Aga Khan führt ein bescheiden-weltliches Dasein an der Côte d'Azur[76].

Bis in die heutige Zeit hat sich auch die Zubereitung eines alten assassinischen Gebäcks, welches in Marokko als *Weiße Plätzchen von Marrakesch* und in Indien als *Heiliges Ghee* bekannt ist, erhalten. Bei der Zubereitung werden etwa ein Pfund Hanf mit einem Kilo Butter 6 Stunden lang leicht gekocht. Nach dem Entfernen der Pflanze werden aus dem erstarrten Fett kleine helle Kekse gebacken, die geruchs- und geschmacksneutral von immenser Wirkung sind[77].

# AFGHANISTAN

**Namen/Sorten**:
*Haschisch, bandsch*
*Black Prince, Schwarzer Afghane, Spaghetti-Afghan, Afghan-Fladen*

**Anwendung:**
Traditionelles Rauschmittel, Handelsware

**Anbaugebiete:**
Norden, Nordosten. Anbau landesweit rückläufig.

**Rechtliche Situation/Sicherheit:**
Gründerstaat der Single Convention 1964.
Besitz/Handel offiziell illegal. Theoretisch hohe Strafen.
Kiffen weit verbreitet und toleriert.
**Krieg zwischen einzelnen Mujahedin-Gruppen**

*Hanfbau im Hindukusch, Afghanistan.*

# Zwischen Hindukusch und Belutschistan

Das karge Land zwischen Hindukusch und Belutschistan gehört seit langem zu einem der wichtigsten drogenproduzierenden Länder Asiens, und zählt zusammen mit Pakistan und dem Iran zu den Staaten des *Goldenen Halbmonds*, die 70% des in Europa erhältlichen Heroins produzieren.
Afghanische Bergbauern produzieren heute mehr Opium denn je. Mujahedin-Gruppen kaufen es zu Pfennigbeträgen ab und lassen es im Iran oder in der Türkei zu Heroin umwandeln[78].

Die Haschischproduktion ist eindeutig in den Hintergrund getreten. Hanf wird hauptsächlich zum afghanischen Eigenbedarf gepflanzt, nennenswerte Exporte finden zur Zeit nicht statt. Traditionelle afghanische Haschisch-Herstellung ist wahre Knochenarbeit. Die nach dem Trocknen zu Staub zerfallenen Pflanzen werden durch Tücher gesiebt (marokkanische Methode) um dann unter Zugabe von etwas Wasser sowie ständigem leichten Erhitzen am Feuer über Stunden hinweg von Hand geknetet zu werden (nepalesische Methode)[79].

Wegen karger Böden und ständigem Regendefizit erreicht der im Hindukusch gedeihende Hanf selten eine Größe von mehr als einem Meter. Das aus ihm hergestellte Haschisch (*Schwarzer Afghane*) riecht frisch äußerst aromatisch. Uungewohnte Raucher unterschätzen leicht die etwas verspätet einsetzende Wirkung afghanischen Haschischs[80]. Die besten Qualitäten stammen aus dem nördlichen Hindukusch (zwischen Fundus, Faisabad und Chanabad) und dem westlichen Pamir (am Pjandsch-Fluß) und werden auf Provinzmärkten (für hartes Geld, hauptsächlich pakistanische Rupien) gehandelt [81].
Wie auch in anderen Gegenden der islamischen Welt, vermischen die Afghanen das Cannabis manchmal mit weiteren psychotropen Stoffen, wie zum Beispiel der Brechnuß (*strychnos nux vomica*), Stechapfel[82] oder Opium, zu erkennen am bitteren Geschmack und seltsamen Glanz[83].

> *Die sowjetische Armeeführung sieht sich vor einem für sie vollkommen neuen Problem: Die in Afghanistan stationierten Sowjetsoldaten decken sich in großen Mengen mit Rauschmitteln und Schmerztabletten ein. Drogen sind auf dem schwarzen Markt in Afghanistan leicht und billig zu kaufen. Westliche Diplomaten in Kabul glauben Belege zu haben, daß der Rauschgiftschmuggel in die Sowjetunion seit der Invasion sehr stark zugenommen hat.*
> DER SPIEGEL, 26. Januar 1981

Im unwegsamen Hindukusch liegen die Schmuggelrouten pakistanischer Drogenschieber (via Khyber-Pass), sowie die Verstecke und Checkpoints diverser

Bürgerkriegsteilnehmer. Das ganze Land leidet nach dem Krieg gegen die UdSSR unter einer Wirtschaftskrise ungeahnten Ausmaßes und versinkt im Chaos.
**Afghanistan ist zur Zeit nicht auf Touristen eingestellt; die Lage ist alles andere als sicher!** Fremde finden sowieso keine Einblicke in das Produktions- und Verteilungssystem für Drogen. Die herrschenden Familienclans mit ihren bewaffneten Kämpfern halten sich allem Unbekanntem gegenüber bedeckt und machen auch von der Schußwaffe Gebrauch![84]

# *PAKISTAN*

**Namen/Sorten:**
*Haschisch, banj, charras, bang*
*Brauner Pakistani, Schwarzer Pakistani, Boarderpaki, Pakistani Fladen, Hindu Kush*

**Anwendung:**
Traditionelles Rauschmittel, Handelsware

**Anbaugebiete:**
Afghanisches Grenzgebiet. Kleinanbau verbreitet.

**Rechtliche Situation/Sicherheit:**
Beitritt Pakistans zur Single Convention 1965.
1979 Schließung der Governement Opium Shops.
Tribal Area: Einreise für Ausländer verboten. Rechtsfreie Zone mit offenem Drogen- und Waffenhandel.

## Anarchie am Khyberpass

Nach dem es lange den Anschein hatte, als ob in Pakistan der Hanf zugunsten des Opiums in den Hintergrund tritt, läßt sich in den letzten Jahren eine gewisse Wende beobachten. Auf den europäischen Markt kommt wieder vermehrt pakistanisches Haschisch und im Land selbst herrschte sowieso nie Mangel, denn die meisten Pakistani sind passionierte Raucher. Wer sich das relativ teure Haschisch nicht leisten kann oder will, greift auf das an den Berghängen wild wuchernde Hanfkraut zurück, welches der armen Landbevölkerung als Zigarettenersatz dient.

In den nördlichen Regionen wird durch die afghanische *Wasser-Kneten-Wärme-Methode* der *Schwarze Pakistani* hergestellt[85], der in Fladenform auf den Provinzmärkten gehandelt wird.
Südlich von Chitral findet man gelegentlich noch eine alte pakistanische Methode, bei welcher der erntereife Hanf grob entstengelt, in einer Mühle zu Brei gemahlen und anschließend wochenlang in der Haut eines geschlachteten Schafs zum Fermentieren aufgehängt wird. Der entstehende grün-braune Brei ist so zäh, daß zusätzliches Pressen selten nötig ist[86]. Er schmeckt modrig und ist hochpotent.

Im Gebiet um Lahore werden Blütenstände und Harzstaub zerkleinert und zu grünem Haschisch gepreßt. Es soll dem kaschmirischen *Garda* ähneln[87].

Das Hauptgebiet des Hanfanbaus, der Verarbeitung und des Schmuggels liegt jedoch in dem - offiziell - nicht zugänglichen östlichen **Hindukusch**, der sogenannten *tribal area*. Dies ist das Stammesgebiet der *Pathanen,* im Nordwesten Pakistans im Grenzgebiet zu Afghanistan gelegen. Diese Gegend unterliegt offiziell der Selbstverwaltung der einzelnen dort ansässigen Stämme, was bedeutet, daß weder Polizei noch Militär von Karachi anwesend sind. Das Leben unterliegt den Regeln der Sippen.
Durch die überall offen getätigten und sehr einträglichen Drogen und Waffengeschäfte scheint es an nichts zu mangeln. Die Einreise ist Nichtstammesangehörigen untersagt; interessierte Ausländer müssen über geheime, unsichere Pfade in das Pathanengebiet reisen. Die Wahrscheinlichkeit, eine solche Route im Alleingang zu finden, ist praktisch gleich null. Die pakistanische Armee patrouilliert an der Grenze zur *tribal area* zumindest tagsüber sehr gründlich und die Schmuggler selbst halten sowieso nicht viel von Gesellschaft[88].

Allerdings bieten geschäftige, selbsternannte *guides* in Peshawar unter der Hand für recht viel Geld entsprechende Touren an. Bewertung: riskant bis unverantwortlich... (nach Khan, Abbas, Jensen)

# *V.R. CHINA*

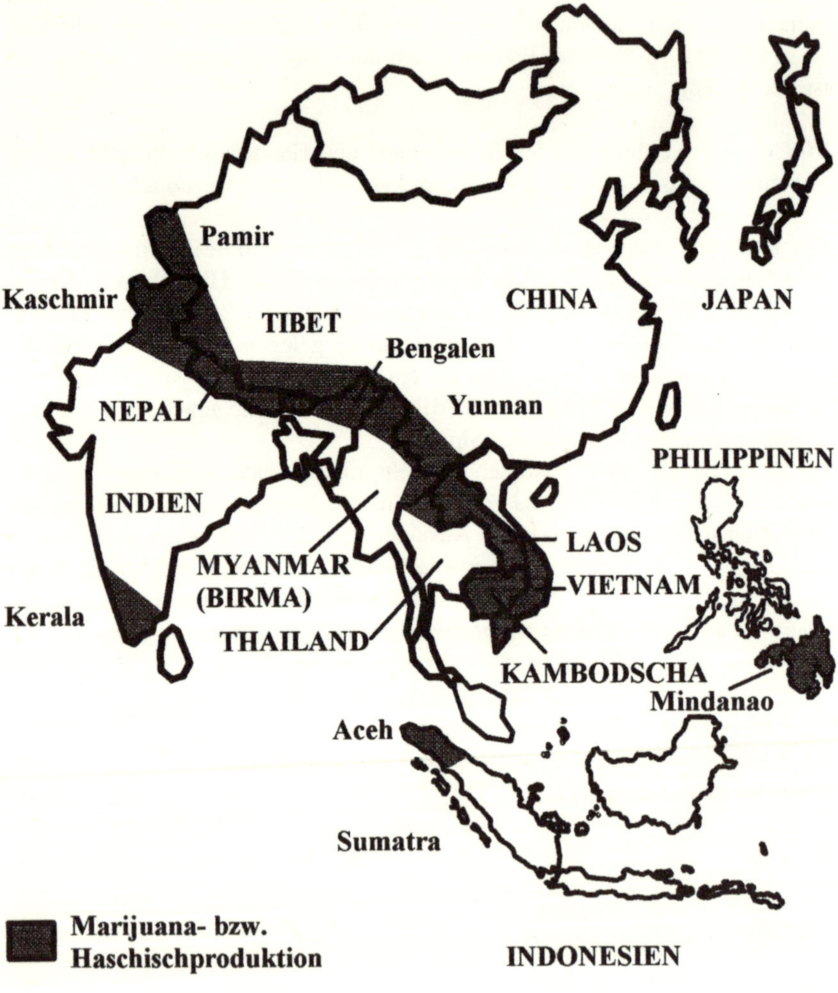
Pamir
Kaschmir
TIBET
CHINA
JAPAN
Bengalen
NEPAL
Yunnan
PHILIPPINEN
INDIEN
LAOS
MYANMAR
(BIRMA)
VIETNAM
Kerala
THAILAND
KAMBODSCHA
Mindanao
Aceh
Sumatra
Marijuana- bzw.
Haschischproduktion
INDONESIEN

**Namen:**
*Ma, ta-ma, po-ma* (männliche Pflanze), *si-ma, tse-ma, fen-ma* (weibliche Pflanze)

**Anwendungen:**
Traditionell: Medizin, Faserpflanze, Öllieferant, Religiöses Trancemittel
Heute: Faserpflanze

**Anbaugebiete:**
Verbreitet legaler Faseranbau. Wilde Vorkommen.

**Rechtliche Situation/Sicherheit:**
Hanf-Rauschmittel ist absolut verboten. Hanfhandel bis zu 8 Jahren Haft. Polizei Europäern gegenüber äußerst korrekt. Eigenen Landsleuten gegenüber weniger. Politischen Gegnern wird wohl zuweilen Drogenhandel angedichtet.

**Hanfkulturelles:**
**Literatur:**
Chantal Zheng, *Mythen des alten China* (Diederichs-Verlag)

# Die alten Kaiser

*Ich pflücke die Blüten im heiligen Hanffeld, Pflück sie für ihn, der fern von mir ist.*

Aus den "Neun Gesängen", 3. Jahrhundert.v.Chr., nach Rätsch

Wie in vielen anderen Bereichen, so blickt die chinesische Kultur auch beim Hanf auf eine jahrtausendealte Tradition zurück. Cannabis (*ma*)[89] galt schon vor 6000 Jahren als heilige Pflanze, die als Faser- und Öllieferant (Fischernetze, Kleidung, Lampenöl und hochwertige Nahrung) diente und auch in Medizin und Religion Anwendung fand. So empfahl der Kaiser *Shen-Nung* im Jahre 2737 v.Chr. Hanf unter anderem als Mittel gegen Verstopfung, Malaria, Beri-Beri, Frauenkrankheiten und -interessanterweise- gegen Geistesabwesenheit(!). Letzteres steht im Zusammenhang mit der religiösen Bedeutung des Krauts.
So durften beispielsweise heilige Texte nur unter dem Einfluß von Cannabis gelesen werden, weil es Ablenkung durch weltliches Gedankengut verhindert...[90]

Im Reich der Mitte finden sich - ähnlich wie in europäischen Kulturen - Berichte über den rituellen Gebrauch der Hanfstengel, mit denen beim Kranken die bösen Geister regelrecht ausgepeitscht und somit der Heilungsprozeß in Gang gebracht wurde.
In der Han-Dynastie (ca. 15. Jahrhundert v.Chr.) galt Hanf als Grundstoff eines Elexiers, das Unsterblichkeit versprach, und im etwa tausend Jahre später entstandenen *Taoismus* lehrt *Lao-tse*, daß zur Erreichung der Ziele des *Tao* das eigene Bewußtsein vergessen werden muß. Ein Zustand, auch Ekstase genannt (Trennung von Körper und Seele), der sich gerade durch Hanf erreichen ließ, ohne daß körperliche Schäden zu befürchten waren[91].

## Yunnan-Gras und Beijing-Weed

Obwohl Hanf heute in vielen Gebieten Chinas wie Unkraut sprießt und auf zigtausend Kolchose-Hektar angebaut wird, findet er ausschließlich als Faserpflanze Verwendung, besonders in der Textil und Papierindustrie. Als Rauschmittel ist das Kraut weitgehend unbekannt und auch die Naturmedizin hat es vergessen. Verwildertes Gras ist noch inmitten Pekings zu finden, ohne den -fleißig sammelnden- europäischen Conoisseuren irgendwelche Jubelstürme zu entlocken: *Beijing Weed* stinkt, kratzt und ist wirkungslos.

Chinesischer Wildhanf erreicht erst ab dem Yangtze-Kiang eine gewisse Potenz. Tropische Hanfqualitäten wachsen dagegen in den Südprovinzen, besonders in Yunnan (Grenzregion zu Laos und Myanmar), unbeachtet von Bevölkerung und Polizei am Straßen-, Acker- und Waldrand. Auffällig viele Wanderfreunde sieht man im angenehmen Klima durch die wunderschönen Landschaften um Kunming oder Gejiu streifen.

Auf den Märkten der Städte Urumchi, Aq Su und weiter entlang der Seidenstraße bis nach Kashgar in der entlegenen chinesischen Provinz Uighur verkaufen alte Frauen lockere gelblich-grüne Brocken aus feinstem Hanfstaub, das sich durch Kneten in schwarzes Haschisch umwandeln läßt[92]. Dieser Stoff stammt normalerweise aus dem östlichen Pamir, wo er zu hoher Qualität heranreift.
Die (oft strafversetzten) chinesischen Polizisten wissen damit offensichtlich nichts anzufangen; sie sind zumeist schon mit der bloßen Anwesenheit eines Ausländers und mit dessen Papieren überfordert.

Außer in den unzugänglichen Regionen Uighur und Tibet ziehen jedoch die meisten Freaks selbstgesuchten Dope den gelegentlichen -und sehr riskanten-

Haschisch-Angeboten in den Großstädten Shanghai und Guangzhou vor. Die Justiz und deren ausführende Organe sind in diesen westlich angehauchten Metropolen überkorrekt und knüppelhart! Da hilft auch ein 100 $ - Schein nicht aus der Patsche, sondern wird lediglich als Schuldanerkenntnis interpretiert.
Polizeikontrollen in den Fernverkehrszügen (besonders in Süd-Nord-Richtung) sind an der Tagesordnung; Europäer allerdings werden (noch) mit Samthandschuhen angefaßt - egal wie sie aussehen...

Aus Familienleben.

*Nicht nur im katholischen Weiihrauch findet sich THC, der psychoaktive Wirkstoff des Hanfes, auch in chinesischen Rauchmischungen ist/war (?) es prominent vertreten.*

# *MONGOLEI*

## Stutenmilch

In den kargen mongolischen Weiten im Norden der Wüste Gobi überrascht es, auf kleine, zarte Pflanzen zu stoßen, die sich bei näherer Betrachtung eindeutig als Exemplare der Gattung Cannabis entpuppen. Im mongolischen Fall handelt es sich um die Hanf-Varietät *Cannabis ruderalis*, die seit alters her in der mongolischen Volksmedizin, vor allem zur Bekämpfung von Depressionen, eingesetzt wurde.

Nach den Untersuchungen von Christian Rätsch unterschieden die Mongolen den psychoaktiven *C. Ruderalis* vom Faserhanf *Cannabis sativa*, der vor allem als Ölpflanze geschätzt war. Mongolische Schamanen sollen "*neben Wacholder auch Cannabis ruderalis zur Induktion der schamanischen Trance verwendt haben. Es hat sich offensichtlich ein skythisches Vermächtnis bis in unsere Zeit erhalten*"[93].

Als hedonistisches Rauschmittel scheint Hanf heute keine Bedeutung mehr zu haben, beliebtestes Rauschmittel ist *airag,* fermentierte Stutenmilch[94]. Ein Drogen-Schwarzmarkt war 1992 nicht erkennbar, was sich mittlerweile allerdings geändert haben könnte. Die Mongolei spielt jedoch eine gewisse Rolle als Transitland, verläuft doch die Transsibirische Eisenbahn, eine der wichtigen neuen Drogenrouten, auch durch ihr Gebiet.

# TIBET

**<u>Namen:</u>**
*Myan rtsi spras, ganja, charras*

**<u>Anwendung:</u>**
In der Medizin gegen Rheuma, Tierbisse, Entzündungen. Lepra, Durchfall, Krämpfe, Husten, Wurmbefall, Ohrenentzündung u.v.m. Als Aphrodisiakum, zur Entspannung, Leistungssteigerung bei Bergwanderungen.
Faserlieferant, Nahrungsmittel, Rauschmittel, Sakralmittel.

**<u>Anbaugebiete:</u>**
Vereinzelte Anpflanzungen in feuchten Gegenden und in Klostergärten.

**<u>Rechtliche Situation/Sicherheit:</u>**
Es gilt chinesisches Gesetz (8 Jahre für Cannabishandel).
Chinesische Besatzer-Polizei verhaßt.
(Politischer) Spitzelapparat.

**<u>Hanfkulturelles:</u>**
**Literatur:**
Peter Grieder, *Tibet: Land zwischen Himmel und Erde* (Walter-Verlag)

## Myan rtsi spras

Tibetische Mahayana-Buddhisten betrachten Cannabis seit über 2500 Jahren als die heiligste aller Pflanzen. Religionsstifter Siddharta soll sich, bevor ihn die Erleuchtung überkam und er zum Buddha wurde, 6 Jahre lang ausschließlich von den Samen des Hanfs ernährt haben...[95]
Am Nordrand des Himalayas, rund um Tradum, in den Tälern des Tsangpo (Maquan He) und in vielen buddhistischen Klöstern gedeiht die heilige Pflanze (myan rtsi spras). Ihr kommt in der traditionellen Heilkunst eine zentrale Rolle zu. Cannabis wird wegen seinen stoffwechselregulierenden Eigenschaften geschätzt, und als nebenwirkungsarmer Bestandteil zahlreicher tibetischer Kombinationspräparate für die Bahandlung unzähliger Beschwerden eingesetzt[96].
Die Volksgruppe der Dugpas trinkt *momea*, eine Mischung aus Haschisch und geschmolzenem Fett, aus Bechern, die traditionell aus Menschenschädeln geschnitzt werden[97].

Aus tibetischem Hanf wird aber auch hellgrünes und locker gepreßtes Haschisch hergestellt, welches auf den Märkten Tibets gehandelt wird[98]. Besonders unter Nomaden und bei den Alten ist Cannabiskonsum weit verbreitet und zeitweise wird nepalesisches oder indisches Haschisch von Kathmandu nach Zhigatse geschmuggelt, wo es die Rolles eines sehr gefragten Handelsartikels spielt[99].
Westler sind in Tibet sehr beliebt, da die Bevölkerung hofft, daß die Touristen den Hilfeschrei des besetzten Landes in die Welt hinaus tragen. Die Menschen sind unglaublich freundlich und hilfsbereit.

# *NEPAL*

**Namen:**
*Charras, ganja, bhang, vijaya, tarakola*
*Nepali, Nepal-Finger, Nepal-Fladen, Black Nepal, Premium*

**Anwendungen:**
Rauschmittel, Volksmedizin, Religiöses Trancemittel, Sakralmittel
Öl- und Faserlieferant, Exportartikel

**Anbaugebiete:**
In praktisch allen ländlichen Gebieten. Wildes Hanfvorkommen.

**Rechtliche Situation/Sicherheit:**

Seit 1973: Anbau, Handel, Besitz illegal. Maximal 20 Jahre Gefängnis. Verbote utopisch und nicht durchführbar. Polizei schlecht bezahlt, korrupt und gleichgültig. Razzien in Kathmandu (Heroin!). Korrekt im Airport.

**Hanfkulturelles:**
**Literatur:**
Ganesh Baba, *Marijuana as a sacrament*

## Sanfter Druck

Bis lange in dieses Jahrhundert hinein war das Königreich Nepal das Land der Haschischliebhaber; heute macht es als Hauptumschlagplatz für das aus

*Hand made. Handgekneteter "Tempelshit" in Nepal.*

dem *Goldenen Halbmond* und dem *Goldenen Dreieck* stammende Heroin Schlagzeilen[100].
Erste Gesetze zur Regulierung des Hanfanbaus traten in Nepal 1961/62 in Kraft. Simple Steuerverordnungen sollten die Cannabisproduktion gebührenpflichtig lizenzieren[101]. Die Idee, das Kraut auszurotten, war zu absurd, um seiner Königlichen Hoheit einzufallen (mit solch' glänzenden Novitäten warten normalerweise nur westliche Länder auf), das Königreich wollte dagegen lediglich eine neue Einnahmequelle erschließen.

Die eigentliche Hanf-Prohibition wurde erst mit den Gesetzen vom 16. Juli 1973 und vom 29. November 1976 eingeführt, wobei es letztlich drei Gründe waren, welche die nepalesische Regierung dazu veranlaßte, sämtliche Anbaulizenzen zu entziehen und den Handel mit Hanf unter Strafe zu stellen: Die "Invasion" westlicher Hippies in den sechziger und frühen siebziger Jahren hinterließ in der einheimischen Jugend ihre Spuren. Waren die Devisen der langhaarigen Fremden noch durchaus willkommen, so ging plötzlich ein Schrei des Entsetzens durch den nepalesischen Mittelstand, als sich der eigene Nachwuchs die Haare wachsen ließen und Bob Dylan hörte...

> *Geldmangel, Krankheiten, abgelaufene Pässe - mit solchen Fällen beschäftigt sich der Kanzler der deutschen Botschaft in Kathmandu fast den ganzen Tag. Einen ähnlich starken Zulauf haben die Botschaften der USA, Großbritanniens, Frankreichs, Hollands und Japans. Häufig muß festgestellt werden, ob Familienangehörige oder Verwandte bereit sind, die Heimreise zu bezahlen.*
> *In Kathmandu braucht man nach den Haschisch-Shops und Hippie-Kneipen nicht lange zu suchen, sie liegen gleich hinter dem alten, allmählich verrottenden Königspalast und dem prallbunten Gemüsemarkt. <Best Hashish of Kathmandu> und <Oldest Hashish Shop in town> heißt es auf den Ladenschildern. Die bevorzugten Hippie-Lokale nennen sich <Cash and Bull> und <Salt and Pepper>. Die Läden und Absteigen entsprechen durchaus landläufigen Vorstellungen von orientalischen Lasterhöhlen, zumal nach Sonnenuntergang: trübes Straßenlicht, rote Laternen, Rikschafahrer, Lastträger, Marktstände und heilige Kühe, Hippies in orientalischen Verkleidungen. Bleiche Nepalesen lehnen in holzgeschnitzten Fenstern.*
> Frankfurter Rundschau, 11. August 1973

> *In Pokhara werden dir selbst von Kindern Cannabisprodukte angeboten. Da sie aus den nahegelegenen Berggebieten von Tatopani (Jomosom-Treck) oder aus dem Sperrgebiet von Mustang kommen, sind sie sehr billig. So bieten die Händler die Tola (rund 11 g) Haschisch für bereits etwa 20 Rs an. Wildwachsende Cannabisstauden kann man vereinzelt gar in Buldam sehen.*
> Schwager, Treichler, 1988

Die USA machten im Rahmen ihrer weltweiten Anstrengungen, den Anbau und Handel von Drogen zu eliminieren, enormen Druck auf das Land, und auch die von den Amerikanern beherrschten Vereinten Nationen wirkten auf die nepalesische Regierung ein. Das *International Narcotics Control Board* (INCB) stellte Haschisch auf eine Stufe mit dem Heroin und ächtete Nepal als einen der Hauptproduzenten illegaler Drogen[102].

Für ein so kleines und wirtschaftsschwaches Land wie Nepal war es unmöglich, dieser geballten internationaler Einflußnahme zu widerstehen. Nachdem die Vereinigten Staaten sich verpflichteten, dem nepalesischen Königshaus 10 Jahre lang 100.000 Dollar als Steuerausfall-Entschädigung zu zahlen, wurde halbherzig die Prohibition eingeführt.
In Kathmandu blühte sofort der Schwarzmarkt auf, die Bauern sahen sich ihrer einzigen Frucht entzogen, bauten nun illegal an, oder stiegen gleich auf das bessere Mohngeschäft um. Nach ein paar Monaten glätteten sich die Wogen und auch heute verfügt fast jede Familie nach wie vor über zum Teil enorme Hanfvorräte.
Die weltberühmte Freak-Street in Kathmandu wirkt heruntergekommen, Teile des legendären *Eden Hashish Center* (*"Best Quality Mustang Hashish for Sale Here*")[103] sind zu einem Restaurant geworden. Die Betreiber der ehemaligen "Haschischhöhlen" haben ihre Kneipen längst mit *"No smoking Hashish here*"-Schildern verziert und sehen es nicht gerne, wenn übermütige Touristen die Joints und Chillums anzünden[104]. Die Szene wird vom Heroin beherrscht, was den Aufenthalt in Kathmandu nicht unbedingt angenehmer gemacht hat.

Der laxe Umgang mit den Drogengesetzen im Landesinneren verführt viele Reisende, einen Vorrat mitzunehmen. Bei der Ausreise im *Tribhuvan Airport* von Kathmandu werden verdächtig aussehende Ausländer genau gefilzt, wenn auch manche Globetrotter immer noch Gegenteiliges behaupten. Viel zu viel Freaks vegetieren wegen ein paar Gramm Shit in der Unterhose bei 800 Kalorien täglich im Knast von Kathmandu vor sich hin. Selbiges droht - wie verschiedene Reisende berichten - inzwischen auch an den nepalesisch-indischen Grenzübergängen Bhairawa/Sonauli und Birganj/Raxaul.

## Sanfte Ernte

Cannabis wächst außerhalb der Region Kathmandu überall in Nepal. Zu den botanisch interessantesten Gegenden gehört das Gebiet um Phokara rund um die heiligen Berge Dhaulagiri und Annapurna, mit dem Hauptumschlagsort

Tatopani. Wem der Rummel auf der Annapurna-Route nichts ausmacht, der findet hier wilde Hanffelder so weit das Auge reicht und solange die Füße tragen[105]. Die Luft ist geschwängert von süßlich-aromatischem Duft der drei bis vier Meter hohen Pflanzen. Hanf scheint ab einer gewissen Höhe das einzige Kraut zu sein, das die Götter dulden und die Haschischproduktion ist noch immer die einzige Einkommensquelle der Bauernschaft.

Nach Aussagen verschiedener Kaufleute in Kathmandu ist Cannabis um so potenter, je höher es gedeiht. Das stärkste soll auf einer Höhe von etwa 2500 Metern wachsen, wobei sich im Nordwesten Nepals Hanffelder sogar noch auf über 3500 Metern Meereshöhe befinden[106]. Solcher, *Tarakola* genannte, Hochlandhanf ist für seine besonders zahlreich austreibenden harzigen Blütenstände bekannt und beliebt. Seine Wachstumsperiode ist den klimatischen Bedingungen entsprechend mit 3 Monaten äußerst gering.
*Ganja* und *Charras* werden in der Provinz überall, oft sogar von Kindern, angeboten. Die Tola (ca. 11 Gramm) Haschisch zu etwa 25 Rupien und damit drei bis viermal billiger als in Kathmandu[107].

Die Haschischherstellung erfolgt wie im ganzen Himalaya-Gebiet durch das vorsichtige Abreiben der harzigen Blütenstände von der lebenden Pflanze. Diese Methode ermöglicht den nepalesischen Bauern in den Wochen der Blüte mehrfache Ernten[108], ohne die "Pflanze der Götter" töten zu müssen.
Das abgeriebene Harz wird in stundenlanger Arbeit zu schwarzen, hoch elastischen und vor Harz nur so strotzenden Kugeln geknetet. Der Geruch ist würzig-schwer; echter *Nepali* gehört zu den potentesten Haschischsorten weltweit[109]. Aus Ertragsgründen steigen mittlerweile immer mehr nepalesische Hanfbauern auf die arabische Sieb-und-Preß-Methode um.
Auch das Verschneiden mit Butterschmalz und anderen Fetten scheint zuzunehmen. *Export-Nepali*, welches zeitweise in Europa und dem südostasiatischen Raum kursiert, hat außer seinem Namen nicht mehr viel mit dem Ur-Produkt gemeinsam.

## Götterthron

Hanf ist als Kulturpflanze in Nepal seit langer Zeit bekannt. Seine Ausbreitung erfolgte vom indischen Subkontinent her[110]. Es gibt wenige Gegenden auf der Erde, die auf einem so kleinem Gebiet so viele verschiedene ethnische und religiöse Gruppen beheimaten, wie dies in Nepal der Fall ist.
Vom Terai, dem ebenen und tropisch-heißen Überschwemmungsgebiet an der

indischen Grenze, bis zur Nordgrenze des Landes sind es weniger als 200 Kilometer Entfernung. Im Terai leben viele Hindus indischer Herkunft. Hier kommt der Hanf selten wild vor, dafür wird er umso intensiver angebaut. Vor allem in den Provinzen Mahatari, Dhanusa, Bara, Parsa und Siraha. Selbiges gilt für die ostnepalesischen Regionen Udayapur und Bhojpur, von wo die Ware hauptsächlich nach Indien exportiert wird[111].

In der abgelegenen Region Dolpa, auf halbem Wege zwischen Jumla und Mustang, wird trotz intensivem Hanfanbau Haschisch weder im rituellen, noch im medizinischen oder hedonistischen Zusammenhang genutzt. Die ansässigen *Dolpâ Magars* nutzen seit jeher lediglich die unwirksamen Samen zur Herstellung von Kochöl, rauchen jedoch niemals *Ganja* oder *Charras*. Nur die niedere Kaste der *Kami* (Schmiede und Zimmerer)[112] benutzen den Hanf aufgrund seiner psychoaktiven Wirkungen.

Der schneebedeckte Himalaya übt als *Göttersitz* seit jeher eine enorme Anziehungskraft auf Pilger und *Sadhus*, den hinduistischen heiligen Bettelmönchen, aus. Sie ziehen jedes Jahr zu Tausenden aus dem ganzen indischen Subkontinent zum Februar-Neumond in Richtung des heiligsten Hindu-Tempel Nepals, dem *Pashupathinat* am Bagmati-Fluß, eine Fußstunde nördlich von Kathmandu. Hier soll der Legende nach Shivas Penis auf die Erde gefallen sein. Während des *Shivaratri-Festivals* belagern Tausende die Tempelanlage, machen Musik und rauchen unglaubliche Mengen Ganja, welches die tagelangen Meditationen unterstützt[113].

In *tantrischen* Ritualen wird die Hanfpflanze selbst als Gottheit *vijaya* ("der Siegreiche") verehrt und ist Bestandteil verschiedener religiöser Rituale. Bei einem werden Hanfblätter mit schwarzem Pfeffer und Wasser eingerieben, in einem Steinbehälter auf ein auf den Boden gezeichnetes Ritualdiagramm (*yantra*, bestehend aus Kreis, Dreieck und Quadrat) gestellt und durch Beschwörungsformeln (*mantra*) in das Göttergetränk *amrita* verwandelt, um schließlich, nach erfolgter Verehrung des religiösen Lehrers (*guru*), eingenommen zu werden[114].

Innerhalb der verschiedenen medizinischen Richtungen, die sich in Nepal finden, benutzt die *Ayurvedische Heillehre* in der Human- und auch in der Tiermedizin das Cannabis. Es ist Bestandteil vieler Arzneien, so u.a. gegen Durchfall, Cholera, Wundstarrkrampf, Rheuma und Schlaflosigkeit, zur Behandlung von chronischem Husten, Impotenz und als Antimalariamittel für Bergbewohner, die in die Niederungen des moskitoverseuchten Terais gehen. Ayurvedische Heilmittel enthalten dabei niemals Cannabis alleine, sondern bestehen

*Bei den Saddhus, den Heiligen Männern Asiens ist die Bekiffnis ein Teil des Gottesdienstes. Bum Shankar!*

immer aus einer Mischung der verschiedensten Inkredenzien. Zur Behandlung von Durchfall beispielsweise wird der aufwendig gewaschene Hanf zusammen mit getrocknetem Ingwer, schwarzem Pfeffer, Meersalz, Opium und Asche der Venusmuschel verabreicht[115].

Die aus Hanf hergestellten Süßigkeiten *agnikumar* und *jatikari* gelten als milde Beruhigungsmittel für Kinder.

# *INDIEN*

**Namen/Sorten:**

*Bhang, siddhi, subji, charras (churrus), ganja (gunjah), garda (kashmiri), jvalana rasa, kamashwar modak, kumari asava, lai chourna, madi, misarai, ramras, magoon, bengali, ghee, kerala grass, vijaya, Menali, Pfauenauge*[116]

**Anwendungen:**

Wichtige Arzneidroge. Religiöses Trancemittel, Sakralmittel
Verbreitetes Rauschmittel
Öl-, Faser-, Nahrungslieferant

**Anbaugebiete:**

Nordindien, Bengalen (= Bhang-Land), Kerala. Privat- und Kleinanbau überaus häufig. Wildes Hanfvorkommen besonders im Himalaya.

**Rechtliche Situation/Sicherheit:**

Beitritt zur Single Convention 1165.
Herstellung, Handel und Besitz illegal. Polizei mit z.T. üblen Methoden (Kashmir), unterbezahlt und korrupt.
**Kriege im Punjab und Kaschmir**

**Hanfkulturelles:**

**Literatur:**

Klaus Mylius, *Älteste Indische Dichtung und Prosa*
Wolf-Dieter Storl, *Feuer und Asche - Dunkel und Licht*
Ja'far Sharif/Herklots, *Islam in India*
W.J. Wilkins, *Hindu Mythology*
Hermann Oldenburg, *Die Religion des Veda*

# SEE INDIA

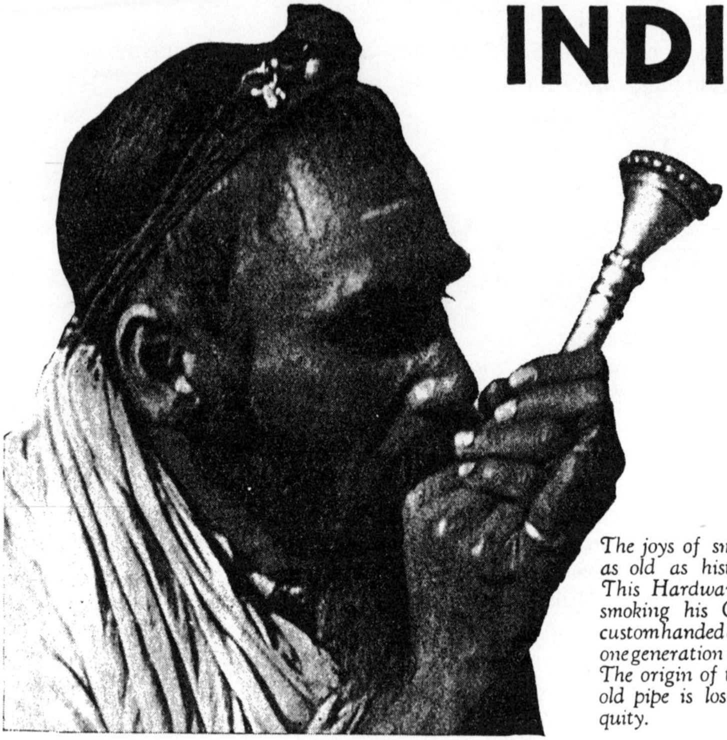

*The joys of smoking are as old as history itself. This Hardwar Sadhu is smoking his Chilum, a custom handed down from one generation to another. The origin of this quaint old pipe is lost in antiquity.*

THE strange sights, customs and peoples of India are a source of unending delight to the traveller. Whether it be the vivid, pulsating life of the bazaars, or the cool of the restful majestic hills, there is ever something to interest the mind and charm the senses.

First-class travel is cheap in India, and there is no extra charge for sleeping berths. You may, therefore, enjoy quite inexpensively the full amplitude of cultural experience which a holiday in India affords. The illustrated brochure, "India and Burma," will show you the many pleasures the Continent offers, and how easily you may partake of them. It is free on request.

Please 'phone Whitehall 8752 or write to:—

**INDIAN RAILWAYS BUREAU**

57, Haymarket, London, S.W.1

*Vor einigen Jahren wurde mit den Dauerkiffern aus Indien noch Touristik-Werbung betrieben: "Unending delights for travellers".*

# Herr des Hanfs

*Aufgrund der Auswirkungen der Hanfdrogen scheint es der Kommission nicht erforderlich, den Anbau von Hanf, die Herstellung von Hanfdrogen und deren Vertrieb zu verbieten. (...) Die ganze Agitation gegen die Hanfdrogen wird von den Alkoholproduzenten im In- und Ausland betrieben.*
Bericht der Indischen Hanfdrogen-Kommission 1893/94, nach Behr, 1985

Das von Armut, Kastendenken und unterschiedlichen Volksgruppen geprägte Riesenreich gilt seit langem als Eldorado ethno-botanisch interessierter Reisender.
Der Hinduismus verehrt den Hanf als die heiligste aller Pflanzen. Er ist Lieblingsblume Shivas, neben Brahma und Vishnu die Hauptgottheit indischer Hindus.
Shiva, der die Beinamen *Shadishvara* (Herr der Drogen und Kräuter) und *Bangheri Baba* (Herr des Hanfs) trägt, thront auf den Höhen des Himalayas, wo -der Überlieferung nach- aus seinem Haar der Ganges, die Lebensquelle Indiens entspringt. Shiva (Markenzeichen: Dreizack, Chillum, hanfumnebelter Blick) gilt als Gott der Fruchtbarkeit, der Ganges als heiliger Fluß. Das aus Yoghurt, Wasser, Honig, Pfeffer und Hanfblüten hergestellte Getränk *bhang* (*thandai, poust, siddhi*, *subji*, *ramras)* symbolisiert diesen Zusammenhang und wird bei Hochzeiten und während dem Frühlingsfest *holi* als Erfrischungsgetränk genossen[117]. Wird dem Bhang Alkohol zugesetzt, heißt es *loutki*; wurde bei der Zubereitung zusätzlich Opiumtinktur benutzt, nennen die Inder das Getränk *mourra*[118]. Bhang mit Eiscreme vermischt ergibt das besonders in Nordindien beliebte *gulfi*, auch *hari gulfi* (grünes Eis) genannt.

# Kaschmir und Menali

Im muslimischen Kaschmir wird Haschisch (*garda*) unterschiedlicher Qualitäten als Nebenverdienst von Viehhirten durch Reiben der Pflanzenblüten gewonnen. *Kaschmiri* ist von braun-grüner Farbe, klebrig und zäh. Elastische Sorten sind häufig mit Fett geschmeidig gemacht worden - nur wenige Kaschmiris beherrschen noch die nepalesische Methode. Das beste Kashmir-Haschisch soll von Kindern gerollt werden...[119]

Die Haschischhändler dieser nordwestindischen Region gehören zu den unangenehmsten ihrer Zunft weltweit! Es wird ständig beschissen und das altbe-

kannte Zusammenspiel mit der Polizei läuft absolut perfekt[120]. In den Knast kommen europäische Reisender allerdings auch im Kaschmir kaum. Eher trifft sie - neben dem obligatorischen Bakschisch - ein Relikt traditioneller Gesetzgebung: die Prügelstrafe![121]
Viele - vom wohlklingenden Namen angelockte - Traveller reisen, trotz unsagbar schöner Landschaften entnervt und enttäuscht so schnell ab, wie sie gekommen sind.

Außerhalb von Kaschmir stellen indische Muslime im Unterschied zu ihren Glaubensbrüder von Marokko bis Pakistan kein Haschisch, sondern lediglich Ganja her[122].

In nichtmoslemischen indischen Himalaya-Gebieten wird das schwarze *Menali* (*Manali*)-Haschisch hergestellt. Es besticht durch extreme Elastizität, hohe Potenz und taucht nur ganz vereinzelt in Europa oder Deutschland (hier unter dem Namen *Pfauenauge*) auf. *Menali* wird (oft unter europäischer Regie) für den nordamerikanischen und australischen Markt produziert, es ist selbst in Indien eine Rarität.

# Bettelmönch und Schmuddeltourist

*Der wahre Bettler ist der wahre König!*
G.E. Lessing

In der dichtbesiedelten Ganga(Ganges)-Tiefebene entschärft sich die Hanfsituation zusehends. Vor den Tempeln werden in halblegalen Geschäften ("*Governement-Stores*") Opium und diverse Cannabisprodukte an die rosa gekleideten Sadhus verkauft (die im übrigen dem Gesetz nach die einzigen sind, denen der Umgang mit Hanf erlaubt ist). So zum Beispiel in Rishikes, wo der Ganges aus dem Himalaya in seine Tiefebene austritt. Die Preise sind im Vergleich zu Europa niedrigst, der THC-Gehalt enorm.
In Indien kifft überwiegend die unterste Kaste, und der Ausländer begibt sich in seinem Ansehen auf diese Stufe, betreibt er seine Leidenschaft öffentlich. Dasselbe gilt, wenn er allzu schmuddelig gekleidet ist (das kann schon bei einem heraushängendem Hemd der Fall sein), oder gar ungewaschen (...)[123].

Da von staatlicher Seite die Drogenkonsumenten aus dem Westen zunehmend unerwünscht sind, wurde die Polizei dazu angehalten, durchzugreifen. Um so etwas muß man die durch und durch korrupte indische Polizei nicht zweimal bitten: Für eine Versetzung ins weltberühmte Goa (dem Pilgerort ganzer Kiffergenerationen) werden polizeiintern mehrere Jahresgehälter gezahlt.

Einheimische Kleinhändler an den Touristenstränden verkaufen überraschend selten Haschisch oder Ganja (dafür umso mehr XTC, LSD und Brown Sugar). Dieses Marktsegment besetzen jetzt finanzschwache oder geschäftstüchtige europäische Reisende. Das Gramm Nepali wird unter Touristen in Goa zur Zeit (Februar 1994) für etwa DM 2,50, Kerala-Gras zu einer Mark gehandelt. Manche teilen auch noch...[124]

Romantische Seelen haben mit Kaschmir und Goa so ihre Schwierigkeiten und früher oder später nehmen sie alle lieber noch einmal 3 Tage Schlaglöcher auf sich und begeben sich nach Kerala, im Südwesten des Landes. Mit einiger Wahrscheinlichkeit das angenehmste Reiseziel und mit Sicherheit das Anbaugebiet in Zentral- und Südindien schlechthin. Die Menschen im Cardamon-Gebirge sind angenehm zurückhaltend, freundlich und hilfsbereit[125].
Vor kurzem dominierte hier noch der handwerklich-mittelständische Cannabisanbau; heute dehnen sich schon einzelne Felder bis auf über 5000 Hektar aus. Sie werden sorgfältig bewässert und von Wächtern - auch mit Waffengewalt - geschützt. Die zunehmende Professionalisierung und Gewaltanwendung brachte dem Cardamon den Spitznamen “Kolumbien Asiens” ein.

Die Umstellung des Hanfanbaus geht letztendlich auf sogenannte Strukturanpassungen des Internationalen Währungsfonds (IWF) und der Weltbank zurück: Indien mußte die Subventionierung von Düngemitteln einstellen, worauf die Produktionskosten der traditionellen landwirtschaftlichen Güter Keralas (Ingwer, Pfeffer, Kardamon) in die Höhe schossen. Cannabis verspricht auch ohne teuren Dünger gute Erträge, und was vor zehn Jahren noch für Eigenbedarf und Provinzmarkt am Feldrand angepflanzt wurde, gehört heute zum wichtigsten Agrargut der ganzen Region, mit Zugang zum nationalen und internationalen Markt, wie den hinduistisch-pan-ozeanischen Handelsverbindungen nach Südafrika[126].

*Kerala-Gras* gilt als sehr potent und wird an den Stränden um Trivandrum, wie auch in allen Städten des Landesinnern gehandelt. Wirken Keralas Polizisten auf den ersten Blick auch etwas relaxter und phlegmatischer als ihre Kollegen in Goa, so sind sie auf kiffende Ausländer genauso scharf wie dort. Zum Teil in Zivil wird an Beaches und in Kneipen gespannt, gelauscht und geschnüffelt, der legere Ganjaumgang gehört der Vergangenheit an. Schlägt ein Beamter zu, richtet sich die Höhe des fälligen Bakschischs weniger nach Art und Menge der aufgefundenen illegalen Substanz, sondern in allererster Linie nach Inhalt des Geldbeutels des Täters[127].

> *Ein ungewöhnliches Versteck zum Haschischschmuggel hatte sich ein 15jähriger Schüler ausgesucht, dem seine Eltern eine Indienreise zu Meditationszwecken ermöglicht und finanziert hatten. Als er jetzt zurückkehrte und Zollfahnder sein Gepäck filzten, fiel den Beamten in einem Koffer das Foto eines indischen Gurus auf, das in einem ungewöhnlich voluminösen Rahmen steckte.*
> *Der Rahmen wurde geöffnet. Hinter dem Bild des <Göttlichen> waren zwei Hohlräume mit einer Füllung von Plattenhaschisch im Gesamtgewicht von 750 Gramm.*
>
> Süddeutsche Zeitung, 19. August 1981

# *BANGLADESH*

## Hanf-Land-Volk

In dem sunnitischen Land ist der Cannabisanbau seit 1964 durch das mit den USA abgeschlossene Antidrogenabkommen unter hohen Strafen verboten. Dabei diente die Pflanze über Jahrtausende zur Faser-, Öl- und Nahrungsmittelherstellung (proteinreicher Samenkuchen) und stabilisierte als Tiefwurzler im überschwemmungsgefährdeten Land sehr schnell den Boden. Die Wirtschaft und Ökologie des Landes hängt in ganz besonderem Maße vom Hanf ab und seit der Prohibition *"leidet das Land und seine Bewohner: Hunger und Armut, Krankheitsepidemien und Landverluste infolge der 'Wasserschäden' sind nun ein Teil des täglichen Lebens und Sterbens. Solch weltfremde und menschenverachtende Aktionen werden als 'Entwicklungshilfe' bezeichnet"* (HAI/RIPPCHEN, 1994).

War Haschisch vor dreißig Jahren noch die absolut dominante Alltagsdroge, kommt heute immer mehr Heroin auf den Markt. Überzeugte Kiffer finden sich unter den Alten, die Jugend ist demgegenüber polytoxikoman.

Lediglich der Name *Bangladesh* (*bang*=Hanf, *la*=Land, *desh*=Volk) steht heute noch als stiller Zeuge für die immense Bedeutung des Hanfkrauts[128].

# *THAILAND*

## *(Siam)*

*khâo müang taa li tông lin taa tham*
*Kommst du in eine Stadt, wo die Leute die*
*Augen verschlossen haben,*
*mußt auch du deine Augen verschließen*
(Thailändisches Sprichwort*)*

**Name:**
*Ganja, Thai-Sticks, buri ganja* (*"Ganja-Zigarette"*)*, mao ganja* (*"bekifft"*)*,*
*yaa seep tit* (allg.: *"Droge"*).

**Anwendung:**
Traditionell: Ayurvedische Medizin, Gewürz, Rauschmittel
Heute: Rauschmittel und Handelsartikel

**Anbaugebiete:**
Im äußersten Nordwesten und Süden.
Privat- und Kleinanbau in allen Regionen.

**Rechtliche Situation/Sicherheit:**
Gründerstaat der Single Convention 1964.
Seit 1971 Hanfverbot (Besitz bis zu 1 Jahr, Schmuggel bis zu 15 Jahre Gefängnis).
Freikaufen möglich. Polizei: rigoros und korrupt.

## Die Gang von Ekkamai

Dank Millionenscharen ausländischer Touristen und der Anbiederung des jeweiligen Militärregimes an die Vereinigten Staaten greift die Polizei auch auf dem Ganja-Markt immer wieder durch. Thailand hat den traditionellen Gebrauch als Rauschmittel bereits 1971 verboten[129], ohne allerdings in den Anfangszeiten der Prohibition irgendwelche Erfolge anzustreben.

Lagen vor ein paar Jahren die Freaks noch mit dem Joint unbekümmert am Strand und ließen in der Kneipe die Tüte kreisen[130], so ist dies heute auf den ehemaligen Urlaubsparadiesen und heutigen Mega-Puffs Phuket und Pattaya, in Chiang Mai, der Hauptstadt des Goldenen Dreiecks, und natürlich auch in Bangkok hochriskant geworden.

Ganja ist teuer und viele Kleinhändler sind nichts anderes als Spitzel. Wer geschnappt wird, hat bei ein paar Joints vielleicht noch Glück und kommt mit Landesverweis und einer fetten Strafe davon, ein bißchen mehr führt unweigerlich in den eh schon überfüllten Knast.

Dieser heißt in Bangkok *Klong Prem Central Prison*, dem das Frauengefängnis *Lardyo Jail* angeschlossen ist. Zahlreiche Ausländer sitzen dort ein, die überwiegende Mehrheit wegen Drogenvergehen. Die Insassen freuen sich über Besuch (Besuchszeiten Montag bis Donnerstag von 9 bis 12 und 13 bis 15 Uhr) und kleine Geschenke (z.B. Nahrungsmittel, Toilettenartikel, Zigaretten) - die Versorgung ist eine einzige Katastrophe. Eine aktuelle Liste der Häftlinge hängt im *Suniporm Guesthouse* auf der Khao San Road aus. Bestechung hilft nur dem, der einen Anwalt findet, sonstige gute Beziehungen hat (wer hat die in Thailand schon?), oder demjenigen, der schon direkt am "Tatort" diskret, aber ordentlich die Münze klingeln läßt[131].

> *Ein Skandal um Rauschgiftgeschäfte führender Politiker erschüttert Thailand. Ein prominenter Abgeordneter ist schon von den US-Justizbehörden wegen Beteiligung am Schmuggel von 49 Tonnen Marihuana angeklagt worden. (...) Das Geschäft mit Heroin, Opium und Haschisch hat unter Bangkoks Spitzen in Militär und Politik Tradition. (...)*
> *Während Zeitungen wegen des Skandals einen Ansehensverlust von Politik und Parlament fürchten ('Politik wird zum korrupten Unternehmen'), sehen Politiker das viel gelassener. Meint ein Abgeordneter: 'Aus dem Ausland gesehen, scheint das Folgen auf die thailändische Politik zu haben. Die Wähler aber sehen das lediglich als persönliche Affäre.' Und Vize-Parlamentssprecher Thawil Praisont tröstet sich damit, 'daß Drogenhandel nicht nur auf Leute aus der Politik beschränkt ist'.*
>
> Stuttgarter Nachrichten, 26. Mai 1994

Polizei- und Militärkontrollen sind in verschiedenen Regionen Thailands nicht selten. Die Grenzregionen zu Myanmar/Birma (Rebellen, Heroinschmuggel) und Kambodscha (Flüchtlinge) stehen unter besonderer Beobachtung. Zahlreiche Reisende berichten seit 1993 von regelmäßigen Kontrollen einer 12- bis 15-köpfiger Polizeigang auf dem Eastern Bus Terminal *Ekkamai* in Bangkok. Die Polizisten haben sich auf -leicht erkennbare- Ganjafreunde, die aus den Fernbussen von Trat steigen, spezialisiert. Viele Traveller fahren in die Ostprovinz, um auf den vorgelagerten Inseln kambodschanisches Gras einzukaufen und viele scheinen sich ihrer Sache so sicher zu sein, daß selbst oberflächliche Checks auf besagtem Busbahnhof immer wieder erfolgreich sind.

Finden die zuerst sehr freundlichen Beamten den Stoff, geht's an's Eingemachte... Plötzlich wimmelt es von zivilen und uniformierten Polizisten, deren Forderung schlicht "*Fiftythousand Baht or two years jail*" lautet. Das sind etwa 3.500,— Mark, und wer die nicht zahlen kann (oder will) dem bleibt nichts anderes übrig, als sein Verhandlungsgeschick auf die Probe zu stellen. 15.000,— Baht (ca. DM 1.000,—) wurden mehrfach akzeptiert[132].

Korrupte und kriminelle Polizisten ("Poliziosis") sind zur Zeit ein Top-Thema thailändischer Medien, die Öffentlichkeit ist aufgeschreckt. Vielleicht bemüht sich die *Ekkamai-Gang* darum um so wenig Aufsehen wie möglich. Von Körperkontrollen wurde mir in keinem Fall berichtet.
Polizeichecks der Fernreisebusse nach Süden (Bangkok-Surat Thani, Bangkok-Krabi) dienen der Sicherheit der Reisenden, kommt es doch auf diesen Routen neuerdings vermehrt zu Raub und Diebstahl. Busse aus Chiang Mai und Chiang Rai werden gelegentlich auf Drogen gefilzt, entsprechend aussehende Touristen werden nicht verschont.

Ein Bestandteil thailändischer Antidrogenpolitik ist das *Marijuana Eradication Programm*[133]. Ganz nach amerikanischem Vorbild wird gejätet, geschnitten und verbrannt. Das Programm traf Mitte der Achtziger Jahre besonders den Nordosten des Landes und hat seine Wirkungen gezeigt: Das weltberühmte *Thai-Gras* (und die daraus gewickelten *Sticks*) sind rar geworden. Man findet es nur noch in den muslimischen Süd-Provinzen, sowie im äußersten Norden des Landes.

## Cookies im Mondlicht

In touristisch erschlossenen Gebieten und in Großstädten befindet sich ausschließlich importiertes Marijuana auf dem Markt. Entweder kommt es aus Kambodscha (im Osten Thailands, auf den Inseln rund um Ko Chang, in Rayong und Trat), wo selbst kleine Gelegenheitsdealer die "zollfreien Einkaufsmöglichkeiten des Grenzverkehrs" nutzen, oder aus Laos (im Norden rund um Chiang Mai, Chiang Rai, Pai und Mae Hong Song[134], sowie im Süden, auf den touristisch längst erschlossenen Inseln Ko Samui, Ko Pha Ngan, Ko Tao, Ko Lanta und an den Stränden bei Krabi). Der Cannabishandel läuft gewöhnlich über die Besitzer oder Betreiber von Restaurants und Bungalowanlagen, über deren Familienmitglieder und über das Personal. Auf Inseln, die vom ganz großen Run bislang verschont geblieben sind, wird an allen

Stränden Hanf gehandelt und konsumiert. Großrazzien zur *Fullmoon-Party* auf Ko Pha Ngan oder am Chaweng in Ko Samui sind eher die Ausnahme - zu viele Poliziosis verdienen am Ganja und zu verbreitet ist der Cannabisgebrauch, als daß ernstlich dagegen eingeschritten werden könnte. Allerdings schlägt sich die immer länger werdende Kette der Korruption auf die Preise nieder: Kostet das Kilo Ganja in Laos zwischen 8 und 10 Mark, so muß der Käufer am Touristenstrand von Ko Pha Ngan schon das Hundertfache hinlegen. Vergleichsweise gering muten da die Wertsteigerungen beim (angeblich) nepalesischen Haschisch (100 Baht = ca. 7 Mark pro Gramm) und indischem Hasch-Öl (150 Baht pro Gramm) an.

Weniger erschlossene Regionen Thailands kennen gelegentlich sogar Hanf-Engpässe. Die Thais substituieren mit den Blättern des *Kraton*-Baumes (*Mitragyne speciosa*) und des Korbblütlers *Grangea darerasparana*[135], besonders gern aber mit Reisschnaps (*Mekhong*, *Sangtip*), mit teurem Bier und mit Megaeinheiten der *Red Bull*-ähnlichen Aufputschgetränke *M100*, *Lipovitan* und *Katingdaeng.*

Im Osten des Landes werden in den zum Straßenbild gehörenden Garküchen zuweilen hanfhaltige Nudel- und Hühnersuppen (*kwet-yiao*) von alten - meist muslimischen - Frauen zubereitet. Diese - aus Kambodscha stammenden - Gerichte haben sich in Thailand nie besonders durchgesetzt und sind de jure mittlerweile sogar verboten.
Doch Krung Thep (Bangkok) ist fern und auch für die *kwet-yiao* gilt, daß sie heißer gekocht als gegessen wird; so blieben diverse Eigenversuche einzig und allein Genüsse der kulinarischen Art... Im Unterschied zu den an Touristenstränden gehandelten *ganja-cookies* oder *ganja-cakes*.

Viele Thais sprechen dem Hanf zu, aber bei weitem nicht alle! Ein zur falschen Zeit gerauchter Joint hat schon manchem Gastgeber schwerste Gesichtsverluste verursacht. Abstinente Thais lehnen jede Form von (illegaler) Drogenkultur und Kontakt mit Angehörigen dieser (*Hippies*) ab.
In den (angeblich so goldenen) 80er Jahren wurden an die siamesischen Grenzbehörden Verordnungen ausgegeben, nach denen "hippieartige" Reisende (Badelatschen, ärmellose T-Shirts, keinen BH, ungepflegtes Äußeres...) die Einreise verweigert werden kann[136].
Mir ist bei meinen Aufenthalten in Südostasien jedoch nie ein solcher Fall zu Ohren gekommen. Reiseführerhysterie? Wer weiß Bescheid? Wen hat's getroffen?

Wie in Indien und Nepal ist auch im buddhistischen Thailand die Ayurvedische Medizin verbreitet. Sie ist nach dem Gesetz berechtigt, Hanf mit anderen Heilmitteln vermengt gegen Husten, Schwindel, Cholera, sowie zur allgemeinen Stärkung zu verordnen[137].

Die westliche Schulmedizin läuft der traditionellen siamesischen Heilkunst bedauernswerterweise immer mehr den Rang ab. Infektionen, früher mit Chilli und verschiedenen Wurzeln erfolgreich behandelt, verschlimmern sich heute beim Einsatz moderner Antibiotika. Die Frage nach *yaa* (traditioneller Medizin) wird in thailändischen Apotheken mit etwas hilflosem Lächeln beantwortet.

Nur einige buddhistische Klöstern (*wat*) schreiben die alten Heilkünste noch groß. Wie in Bangkok das *Wat Phoo* oder die Mönche des *Wat Tham Krabook*, nahe dem Pilgersort Phra Buddhabat (Buddhas Fußabdruck), welche die Opiatabhängigen auf traditionellem Wege von ihrer Sucht befreien[138].

*Thaisticks, beliebte, aber selten gewordene Verkaufsform für Marijuana aus Thailand.*

*Bongs, südostasiatische Bambus-Wasserpfeifen.*

# *KAMBODSCHA*

**Namen:**
*Ganja, ganja chmol* (männliche Pflanze), *ganja nhi* (weibl. Pflanze)

**Anwendung:**
Nahrungsmittel, Rauschmittel, Arzneimittel

**Anbaugebiete:**
Im Hochland.
Privat- und Kleinanbau äußerst verbreitet.
Wildes Hanfvorkommen im Mekongdelta.

**Rechtliche Situation/Sicherheit:**
Hanf (noch) legal und freiverkäuflich.
Behörden Hochgradig korrupt, undurchschaubar.
**Krieg der Roten Khmer gegen die Regierung**

## Cholera, Khmer und Hanfsuppe

Selbst in den abgelegensten Ecken Asiens brechen moderne Zeiten an: Wurde Ganja noch 1992 auf jedem Markt in jeder Menge verkauft, so verdichten sich die Anzeichen, daß auf Druck der Entwicklungshilfe zahlenden Staaten ein Verbot bevorsteht. Auf Plakataktionen wird der Hanf bereits mitverteufelt und korrupte Polizisten interessieren sich neuerdings für das Kraut.

Dabei ist eine generelle Hanf-Prohibition in Kambodscha eigentlich unvorstellbar. Hanfraucher sind keinerlei sozialer Stigmatisierung ausgesetzt, die Menschen wünschen ihnen lächelnd einen schönen Abend und machen sich höchstens über das schlechte Gras lustig. Einen Ganja-Raucher zu verachten, auf diese Idee käme niemand.
Wie sich die Sache entwickeln wird, hängt unmittelbar mit der sogenannten Demokratisierung und Verwestlichung zusammen. Setzen sich die USA und die Europäer mit ihrer Fernost-Politik durch, wird es in kürzester Zeit auch hier urplötzlich einen Drogenschwarzmarkt mit all seinen üblen Begleiterscheinungen geben. Noch ist es aber nicht soweit. Die politische Lage ist alles andere als gefestigt und das Volk interessiert sich nicht für eher peinliche als hilfreiche Aktionen[139].

Die Menschen benutzen Ganja als Medizin. zur Immunstimulanz, gegen Malaria, zur Behandlung von Magen- und Lungenbeschwerden und als Stärkungsmittel für Frauen im Wochenbett. Hierfür werden wässrig-alkoholische Auszüge aus etwa 10 Pflanzenspitzen (*cong*) zubereitet. Weitere medizinische Anwendungen finden sich bei der Behandlung von Rheuma, Nasenpolypen, Cholera, Lebererkrankungen, Parasiten, aber auch zur Blut- und Nierenreinigung und bei allerlei psychischen Problemen[140].

Darüber hinaus ist der Hanf in Kambodscha in der Küche überaus wichtig. Nationalspeisen sind die Hanfsuppen *sngao* und *sngao moon*, die entsprechende Auswirkungen auf die Kundschaft der Restaurants zeigen. Gekochter Hanf schmeckt würzig-scharf. Die frischen Blätter werden als Currygewürz gekocht oder frittiert und mit Fischpaste serviert. Auch Tees und Süßspeisen werden auf Grundlage des Krauts zubereitet[141]. Daneben dient das billige Kraut auch als Zigarettenersatz (der *Knaster* unserer Großväter!).
Hanf-Bauern säen in der Regenzeit, um zwischen Januar und März, dem kambodschanischen Sommer, ernten zu können. Die Vegetationsperiode ist mit fünf bis sechs Monaten recht kurz. Blühendes Gras wird *loeng kali*, "hochgekletterter Elefant" genannt[142]. Die professionellen Anbaugebiete liegen in den Bergregionen. Im Mekong-Delta nahe der vietnamesischen Grenze wächst wilder Hanf wie Unkraut. Da das westkambodschanische Bergland von Chuor Phnum Kravanh und Chuor Phnum Damrei teilweise noch von versprengten Einheiten der *Khmer Rouges* kontrolliert wird, kann man es als das geeignete Reiseziel für potentielle Selbstmörder und selbsternannte Rambos ansehen.
Das Marijuana, welches dort für den Export (nach Thailand) wächst, wird nach der Ernte oft zur Fermentation mit Honig versetzt. Es ist von tiefbrauner Farbe und dermaßen potent, daß der erste Joint selbst erfahrene Konsumenten für Stunden erstarren läßt.

Einheimische zerschneiden den Stoff gerne auf einem Block aus strychninhaltigem Holz (*slaeng*); die feinen Holzsplitter, die dabei in die Mischung geraten, sollen den Hustenreiz lindern und dem Rauch einen angenehmen Geschmack geben. Neben Joints aus Mais- und Bananenblätter werden Bambus-Wasserpfeifen (*bongs*) geraucht.

Zu Rausch-(Rauch-)zwecken werden ausschließlich weibliche Pflanzen (*ganja nhi*) benutzt und dies überwiegend vom männlichen Teil der Bevölkerung... [143]

## *There's a special kick to Cambodian cuisine*

*Cambodian chicken soup can be a tasty concotion that has diners giggling uncontrollably. The vital ingredient in this potent brew is marijuana. Phnom Penh's bustling markets sell the dried herb, still on the stalk, at 1.000 riel (one dollar or 25 baht) a kilogramme.*

*Stall holders display the marijuana dangling above sacks of dried sago and preserved eggs and amongst strings of garlic and chilis.*

*At a wholesale market, "kanchha" (ganja) is displayed in huge sacks, graded according to quality, at stalls that specialise in the herb.*

*For fine quality buds withclusters of leaves and no stalk, the price is 1.200 riel (US$ 1,20), a vendor explained as she squatted on her wooden stall. Stacked tightly under the wooden counter were dozens of bundles of middle-level kanchha. 'The broken leaves are cheaper,' a stall holder at Central Market said. 'Only 700 to 800 riel (70-80 cents) a kilogramme.'*

*Cambodians use the herb to spice up a Chinese-style chicken noodle soup. 'Some restaurants use it in soup - just a little - because it makes the soup more delicious and it's addictive', she said. 'They think customers will come back again and again for more.'*

*'It makes people smile and smile and smile,' another vendor said, collapsing in giggles over her sacks of rice and spices. 'They just can't stop.'*

*Phnom Penh residents say the herb is also used to make a kind of tea. One Cambodian word for marijuana is 'tea to smoke'. The name derives from the foreigners who preferred other means of consumption in the golden days of the 1960s and early 1970s before Cambodia was ravaged by the brutal Khmer Rouge revolution from 1975-79 and years of civil war that followed.*

*Cambodians were amused by foreigners who smoked the herb they use more frequently in the kitchen.*

*Opium is illegal in Cambodia, but the government seems to turn a blind eye to marijuana and it flourishes in legal limbo. The plant grows rampantly wild in Cambodias's warm, moist climate. It is also cultivated commercially, the wholesaler said.*

*Residents say Cambodia has never had a serious drug problem, unlike neighbouring Laos where opium grows well on its cooler mountain slopes.*

BANGKOK POST, 29. November 1991

# *VIETNAM*

**Namen:**
*Ganja (can xa), gai ando, buddha stick*

**Anwendung:**
Arzneimittel, Rauschmittel, Zigarettenersatz, Gewürz

**Anbaugebiete:**
Grenzgebiete zu Kambodscha und Laos.

**Rechtliche Situation/Sicherheit:**
Konsum und Verkauf (noch) legal.
Beitritt zur Single Convention 1970.
Öffnung dem Tourismus.
Devisenmangel. Beamte korrupt aber zurückhaltend.

## Buddha und die Teilung

In dem von der Geschichte arg gebeutelten und seit 1992 dem Individualtouristen wieder zugänglichen Land besteht beim Hanf noch die Teilung, die politisch längst aufgehoben ist: Der subtropische Norden wirkt chinesisch-bieder, gleichgeschaltet, überwacht, man findet vom Hanf kaum eine Spur, während der tropische Süden (etwa ab Da Nang) locker, lebendig und tolerant auftritt, und Cannabis hier weitverbreitet und beliebt ist.
Hier steigen selbst in den Kneipen die Rauchschwaden in die Höhe (undenkbar im nördlichen Teil des Landes) und überall werden Zigarettenschachteln mit zwanzig fertiggerollten *buddha-sticks* feilgeboten, die Schachtel zu einem Dollar und damit etwa so teuer wie Zigaretten. Kiffen ist in Südvietnam ähnlich tief verwurzelt in der buddhistischen Tradition, wie im Nachbarland Kambodscha und selbst Ho-Chi-Minh-Stadt (früher Saigon) ist ein Hort der Ruhe und Gemütlichkeit[144].
Der vietnamesische Name für Hanf ist *can xa*, oder auch *gai ando*. Die Samen werden als *dai ma tu* und *dai ma hot* bezeichnet und finden in der Medizin ihre Anwendung[145].
Spätestens seit dem Krieg genießt vietnamesisches Marijuana einen hervorragenden Ruf und ist mittlerweile sogar schon auf dem Schwarzmarkt Hong Kongs aufgetaucht.

Mir wurde von einer bösartigen Krebsform in der Mundschleimhaut von Kiffern berichtet, die im Urlaub vier Wochen lang vietnamesisches Dioxin-Gras geraucht haben sollen[146]. Wer weiß mehr?
Bis zur Klärung der Gerüchte sollte vom Genuß vietnamesischen Marijuanas gewarnt werden!

# *LAOS*

**Name:**
*Kancha.*

**Anwendung:**
Gewürz, Rauschmittel, Exportartikel

**Anbaugebiete:**
Überall Privat- und Kleinanbau.
Wildes Hanfvorkommen.

**Rechtliche Situation/Sicherheit:**
Beitritt zur Single Convention 1973.
Konsum und Handel von Hanf legal.
Behörden hochgradig korrupt.
Verstrickungen im Heroingeschäft.

## Eulengesicht

In dem sozialistischen Land scheint die Hexenjagd gerade zu beginnen. Das in den Heroinhandel verstrickte Militär soll auf Druck westlicher Geldgeber, Thailands und verschiedener internationaler Organisationen gegen den regen Mohnanbau vorgehen. Tatsächlich werden fast nur die kleinbäuerlichen Hanffelder zerstört, das Opium bleibt dagegen unbeschadet.

> *Die ganze Wucht der Repression trifft dagegen die Bauern, die Marihuana anbauen, sowie die kleinen Zwischenhändler, die es nach Thailand exportieren. Die Presse bringt gelegentlich ausführliche Berichte über die Zerstörung von Pflanzungen. Es sieht so aus, als ob die laotischen Behörden über den Umweg der 'Angebotsverknappung' für den internen Konsum versuchten, ihren guten Willen gegenüber UNDCP (United Nations Interna-*

*tional Drug Control Program) und USAID (United States Agency for International Development) zu beweisen, die ihrerseits eine härtere Gesetzgebung vorantreiben, da sie direkt gegen die Korruption nichts ausrichten können. Erhalten die Verbraucher zunächst kein Cannabis und später kein Opium mehr, hätte eine solche Strategie eine gegenteilige Wirkung: nämlich den traditionellen Konsumenten die Tür zum Heroin zu öffnen und sie somit der Gefahr einer AIDS-Epidemie auszusetzen.*

Observatoire géopolitique des drogues

Und das, obwohl der Hanf in Laos **legal** ist! Er wird praktisch auf jedem Markt feilgeboten, weder Anbau noch Konsum sind verboten. *Kancha* wird, außer in manchen Regionen von Nord- und Zentrallaos im ganzen Land kultiviert. Ein paar Pflanzen finden sich vor fast jeder Hütte; ein, zwei Felder bei fast jeder Ansiedlung. Auf den Märkten wird Rauchhanf im Zehnerpack (zehn getrocknete weibliche Pflanzen) zu Pfennigbeträgen verkauft. Dabei lassen sich drei Qualitäten unterscheiden:
Von erster Qualität sind Pflanzen, welche im laotischen Winter (November, Dezember) reifen und geerntet werden, wenn sie mit Tau benetzt sind (siehe Jamaika...). Hanf der zweiten Qualität wird das ganze Jahr über geerntet; die dritte Sorte umfaßt überwiegend nicht ganz reife Pflanzen.
Billiger noch sind die als Küchengewürz verkauften Pflanzen. Gewürzhanf darf im Unterschied zu den drei "Rauchqualitäten" auch männliche Pflanzen enthalten[147].

Die Arzneipflanze Hanf steht ganz klar im Schatten des allgegenwärtigen Opiums. Sie wird lediglich bei Magenbeschwerden und zur allgemeinen Steigerung des Wohlbefindens (...) des Patienten angewandt. Der Anbau zur Fasergewinnung ist, außer bei den Völkern der *Meo* und *Nhung*, nicht bekannt.
Der aus dem Sanskrit stammende Ausdruck *kan-cha* ist, wie überall in Südostasien einer der vielen Namen des Hanfs, bezeichnet aber in Laos eigentlich nur die männliche Pflanze. Marijuana wird umgangssprachlich *kan-cha dok* (Hanf-Blume), *dok*, *hua nok khao* (Eulengesicht), oder *kali* (Elefant) genannt. Letzterer Ausdruck kursiert auch in Thailand und Kambodscha[148].

Laotisches Gras wird heute fast ausschließlich für die Touristen Hochburgen in Thailand produziert. Auffallend viele thailändische Pick-Ups finden sich in dem recht unspektakulären Land ein, tonnenweise wird das Zeug nach Bangkok und Süd-Thailand geschmuggelt. Auffallend rege ist der allnächtliche Grenzverkehr an den unbewachten Gestaden des Mekong.
Im Dorf Ban Het Kancha ("Dorf vom Hanf überwuchert") übrigens, eine wackelige halbe Stunde flußabwärts von Vientaine entfernt, ist der *nomen* ausnahmsweise kein *omen* - von Hanf keine Spur.

# *MALAYSIA, SINGAPORE*

**Name:**
*Ganja, kancha, dada* (allg.: Droge)

**Anwendung:**
Traditionell: Malayische Heilkunde, Rauschmittel
Heute: Rauschmittel

**Anbaugebiete:**
Z. Zt. keine bekannt.

**Rechtliche Situation/Sicherheit:**
Malaysia: Beitritt zur Single Convention 1967.
Singapore: Beitritt zur Single Convention 1973.
Die härtesten Drogengesetze der Welt. Hanf-Konsum 1 Jahr Knast.
Ab 200 Gramm **Todesstrafe**.
Polizei scharf auf europäische Hippies, link, ausgeprägter Spitzelapparat.

**Kulturelles:**
**Literatur**:
Béatrice Saubin: *Dieser Hunger nach Leben* (Bastei/Lübbe)

## Nur ein toter Kiffer ist ein guter Kiffer

*Unser Schuldbuch sei vernichtet!*
*Ausgesöhnt die ganze Welt!*
*Brüder - überm Sternenzelt*
*Richtet Gott, wie wir gerichtet.*
Friedrich von Schiller

Drakonische Strafen und ein überall präsenter Polizei- und Spitzelapparat prägen das Bild auf der Halbinsel von Malakka. Verdächtige Personen (...) können an den Grenzen einem Urinschnelltest unterzogen werden, bei positivem Befund wird kurzerhand die Einreise verweigert. Selbst kleinste Mengen, wie ein einziger Joint, werden mit mindestens einem Jahr (grauenvollem) Knast bestraft, ab 200 Gramm Hanf (oder 15 Gramm Heroin) droht die Todesstrafe![149]

Nichtsdestotrotz sind Drogen en masse im Lande. Mancher Taxi- und Rikschafahrer in Kuala Lumpur oder Georgetown bietet Stoff jeglicher Art und Menge an.
Die strengen neuen Gesetze hatten Auswirkungen auf die Preise, auf die zunehmende Verelendung der Opiatsüchtigen und auf die steigende Belegung der staatlichen Haftanstalten, jedoch weniger auf das Angebot.

> *Das inhumane Strafmaß mag Kleindealer aus den USA und Europa abschrecken, die Süchtigen im Land selbst - man spricht von einer halbe Million - gieren weiter nach ihrem Stoff. Für Tausende von Kleinhändlern ist das die Chance ihres Lebens und die Todesstrafe ist nur ein Risikofaktor.*
>
> Amendt, 1987

> *Ich zittere wie ein Blatt im Wind. Es ist vielleicht drei Uhr. Wenn man eine Frau erhängt, werden die Eierstöcke zerfetzt. Das Blut strömt ihr in Sturzbächen die Beine herunter. Es kommt auch vor, daß das Aufhängen nicht gelingt. Dann muß man noch einmal anfangen. Der Nacken ist nicht richtig gebrochen, das Opfer bei vollem Bewußtsein... Diese Gedanken lassen mich nicht mehr los. Die Todesangst nimmt die Form eines Galgens an... Ich habe Angst vor dem Schlaf. Ein zum Tode Verurteilter schläft niemals in der Nacht, denn wir wissen, daß >sie< im Morgengrauen kommen... Wir dösen nur tagsüber vor uns hin.*
>
> Béatrice Saubin

**Es kann jedem nur dringend geraten werden, die Finger von irgendwelchen derartigen Angeboten zu lassen. Die Todesurteile werden in den Gefängnissen von Kuala Lumpur, Penang, Taiping, Pudu und Kajang mit asiatischen Hanfstricken vollstreckt** und seit dem Fall Förster[150] hilft auch kein Bundespräsident mehr.
Besondere Vorsicht ist beim Grenzübertritt von Thailand nach Malaysia (besonders Sungai Golok/Kota Bharu) geboten: Drogenschmuggler verstecken zunehmend ihre Ware im Gepäck ahnungsloser Touristen. **Gepäck unbedingt im Auge behalten!**

# *INDONESIEN*

**Name:**
*Kancha*

**Anwendung**:
Traditionell: keine bekannt
Heute: Verbreitetes Rauschmittel in Sumatra

**Anbaugebiete:**
Nord-Sumatra

**Rechtliche Situation/Sicherheit:**
Lange Haftstrafen, auch bei geringen Menge.
Freikauf möglich.
Auf Sumatra: Politik der “verschlossenen Augen”.
Bali: ausgeprägter Polizei- und Spitzelapparat.
**Bewaffnete Unruhen in Ost-Timor und Nordsumatra**

## Vulkanerde

Trotz der geradezu optimalen klimatischen Voraussetzungen wird nur an einigen wenigen Gegenden des Inselstaates Hanf angebaut. Weitverbreitet ist Cannabis lediglich im Norden Sumatras. In der Region Aceh, auf den fruchtbaren vulkanischen Böden des Hochlandes rund um den touristisch längst erschlossenen Toba-See. Der Verkauf läuft wie in Thailand in Kneipen und über die Vermieter von Unterkünften, welche die Ware oft direkt aus den Anbaugebieten zwischen Medan und Banda Aceh (Kutacane und Takengon), beziehen und sich ihr Risiko durch einen 1000%-igen Handelsaufschlag bezahlen lassen. So kostet das Kilogramm grob entstengeltes Gras in den Anbaugebieten Acehs 50.000 Rupien (45 DM). Der Händler in der Einheimischen-Kneipe in Parapat/Danau Toba verlangt für das 10-Gramm-Tütchen 1 000,— Rupien (DM 0,90), sein Kollege im Touristenloch von Tuk-Tuk/Samosir für die gleiche Menge 5.000 Rupien.
Die recht gespannte politische Lage in Aceh (aufständische moslemische Bauern begehren ihre Unabhängigkeit von Jakarta[151]) läßt die Uhren dort etwas anders laufen, als im Rest des indonesischen Archipels.
Die indonesische Zentralgewalt hat nur beschränkte Gewalt über die Region, die Polizei hält sich Ausländern gegenüber -noch- zurück.

Südlich des Äquators hört es mit dem Hanf schlagartig auf. Im dichtbesiedelten Java wird er bisweilen in dunklen Ecken Jakartas, Yogyakartas und Surabayas von nicht gerade vertrauenerweckenden Gestalten angeboten; Betrug (trockenes Laub) und Ärger mit der Polizei sind an der Tagesordnung.
Allerdings: Im Hochland rund um Bogor wird nicht nur Tee, und in der Gegend zwischen Surakarta und Malang nicht bloß Kaffee angebaut...

Das an Javas stürmischer Südküste gelegene Dorf Parangritis ist aufgrund seiner ergiebigen Vorkommen des psychoaktiven Pilzes *Copelandia cyanescens* während der Regenzeit zur Anlaufstation vieler europäischer und australischer Mykophiler geworden. Alte Frauen verkaufen die in den Dünen auf Kuhmist wachsenden Pilze. Hanf wird nicht angeboten.

Auf Bali wird der legere Umgang mit Cannabis nicht mehr geduldet. Wenn die ständigen Angebote an den Stränden (Marijuana aus Sumatra, Haschisch aus Nepal) für viele Touristen auch sehr verlockend sind, so stellen die Behörden auf der kleinen Insel für Gesetzesbrecher doch eine akute Gefahr dar.
In den rattenlochartigen Gefängnissen sitzen Dutzende unvorsichtiger Ausländer, die naiv in die Fallen der "Dealerspitzel" von Kuta/Legian und Lovinas getappt sind und die nötigen Bestechungsgelder (ab 100.000 Rupien aufwärts) nicht bezahlen konnten.
Bali hat keine Hanftradition, der Alkoholkonsum steht eindeutig im Vordergrund. Auch die in der Regenzeit weitverbreiteten psilocycinhaltigen Pilze *Copelandia cyanescens*, finden lediglich bei Touristen Anklang. Die meisten Balinesen meiden die halluzinogenen Pflanzen ihrer Heimat.
Je weiter der Reisende in entlegene Gegenden des indonesischen Archipels vordringt, desto unwahrscheinlicher wird es, auf Hanf zu stoßen. Einzig im Norden von Sulawesi und in Borneo scheint es eine gewisse Hanfkultur zu geben. Die Einheimischen berauschen sich dort auch mit *Kawa-Kawa* (Rauschpfeffer)[152] und vor allem mit Schnaps.

# *PHILIPPINEN*

**Namen:**
*Marijuana, grass, haschisch, ganja*

**Anwendungen:**
Traditionell: Vereinzelt medizinisch
Heute: Rauschmittel, Export

**Anbaugebiete:**
In den Bergregionen der meisten Inseln.

**Rechtliche Situation:**
Beitritt zur Single Convention 1976.
Besitz von Cannabis zum Eigenbedarf: Gefängnisstrafen.
Ab 75 Gramm Cannabis **Todesstrafe**.
Freikauf/Kaution möglich.
Behörden aktiv im Drogenkampf, Spitzelapparat.
**Bewaffnete Unruhen auf Mindanao**

## Deutschem droht in Manila Todesstrafe

MANILA (dpa) – Ein Deutscher und ein Schweizer müssen wegen Drogenbesitzes mit der Todesstrafe auf den Philippinen rechnen. Der 46jährige Deutsche Helmut Herbst und der Schweizer Remo Dalla Corte (31) waren im April mit Haschisch im Wert von fünf Millionen Peso (rund 334 000 Mark) in ihren Hotelzimmern auf der Insel Puerto Galera festgenomen worden. Die große Menge reiche aus, um zum Tod in der Gaskammer verurteilt zur werden, verlautete bei der Anklageerhebung am Dienstag in Manila. Jüngst hatten sogar Politiker das Todesurteil für die beiden gefordert. Allerdings ist seit der Wiedereinführung der Todesstrafe zu Beginn dieses Jahres noch kein Ausländer zu dieser Strafe verurteilt worden.

*Auf den Philippinen steht auf 75 Gramm Cannabis die Todesstrafe.*
*(Aus: STUTTGARTER NACHRICHTEN vom 6. 7. 1994.)*

# Die Söhne der Igorot

Traditionelle Cannabisanwendungen finden sich auf den Philippinen nur bei den Ureinwohnern der Igorot[153].
Zum verbreiteten Rauschmittel wurde Marijuana erst mit Errichtung der amerikanischen Militärstützpunkte Subic Bay und Clark. Das Hauptanbaugebiet liegt auf Mindanao (wo 20 Prozent der Bergbauern unter dem Schutz der Nationalen Befreiungsfront von Mindanao <MNLF> Hanf anbauen), in Samar, Mindoro und Palawan[154].
Seit etwa 10 Jahren wird - untypisch für den Fernen Osten - auch Haschisch erzeugt, welches nach Abzug der kaufkraftstarken GI's zunehmend in Thailand und Hong Kong[155] auf den Markt kommt[156].

Überall finden sich auf den Philippinen Hanffreunde, besonders in der jungen Landbevölkerung. Die Dorfgemeinschaft nimmt eine besondere Rolle ein: Konsumenten und Anpflanzer (einige Bauern pflanzen Hanf als Nebenverdienst an, konsumieren ihn aber nicht) sind allgemein bekannt, über ihr Tun breitet sich ein allgemeiner Mantel der Verschwiegenheit. Kiffer auf dem Land teilen eher ihren Hanf, als daß sie ihn verkaufen.
Viele Drogenpolizisten sind in die Hanf-Geschäfte verwickelt, sie beschlagnahmen beispielsweise in einem Dorf 10 Kilo Gras, um es in einem anderen wieder zu verkaufen[157]. In den Ballungsgebieten werden die Menschenmassen durch einen ausgeprägten Polizei- und Spitzelapparat kontrolliert. Reisende berichteten mir von sehr unangenehmen Erlebnissen mit Taxifahrern und Prostituierten beiderlei Geschlechts, die auf Provisionsbasis mit dem zuständigen Dezernat zusammenarbeiten. An den Touristenstränden von Boracay, Mindanao oder Luzon herrscht reger Cannabishandel, an dem nicht selten auch Europäer und Amerikaner tatkräftig beteiligt sind[158].

Die Gesetze sind streng und wurden 1994 noch einmal verschärft. **Bei Drogenhandel (auch Hanf) droht die Todesstrafe und selbst bei kleinsten Mengen lebenslange Haft!** Zu dieser Strafe wurde unlängst eine philippinische Wäscherin verurteilt, die Marijuana für 40 Pesos (etwa 2,40 DM) verkauft hatte[159].

# JAPAN
## (Nippon)

**Name:**
*Kamanin, masho, mashinin, namanin* (Samen), *asa, taima*

**Anwendung:**
Traditionelles Heilmittel, Faser- und Öllieferant, Gewürz

**Anbaugebiete:**
Präfekturen *Ibaragi, Zochigi, Hiroshima, Saga, Nagano, Kumanoto*

***Rechtliche Situation/Sicherheit:***
Hohe Gefängnisstrafen auf Besitz, Anbau und Handel von Hanfdrogen (mindestens 5 Jahre). Gründerstaat der Single Convention 1964.

## Duftender Sieben-Geschmack

*Dieser Hanf heilt fünf Krankheiten und sieben Arten von Verletzungen. Nimmt man aber zuviel, so dreht man durch.*

Shino-Honzo-Sutra, "Lehre der Kräuter", zitiert nach Rätsch

Der Ausverkauf der Traditionen hat im modernen Nippon besorgniserregende Ausmaße angenommen. In allen Bereichen macht sich amerikanischer Einfluß bemerkbar, die alten japanischen Traditionen werden in den Hintergrund gedrängt, wovon auch die alte Heilkunst *kanpo* (= chinesische Methode) nicht verschont blieb.
Im Jahre 562 n. Chr. wurde das Wissen um die medizinische Bedeutung des Hanfs von einem chinesischen Mönch in Japan eingeführt. Die Cannabissamen galten als gutes Mittel zur Befeuchtung und Darmglättung und wurden gegen Verstopfung eingesetzt. Der psychotropen Eigenschaften wegen wurde Cannabis als Schmerz- und mildes Beruhigungsmittel eingesetzt.

Der Hanfanbau in den Präfekturen Zochigi, Ibarangi, Hiroshima, Nagano, Kumanato dient der Faser-, der Öl- und besonders der Samengewinnung, der THC-Gehalt gilt als unterdurchschnittlich. Marijuana- oder Haschischproduktion findet nicht statt.

*Namanin* (Hanfsamen) werden in der weit verbreiteten verdauungsanregenden Gewürzmischung *kaori shichimi* (= Duftender Sieben-Geschmack) verwendet. Ihr zuliebe wurde der Handel mit Cannabissamen vom japanischen Gesetz ausdrücklich gestattet, während der Umgang mit den Hanfdrogen strengstens untersagt und mit langjährigen Gefängnisstrafen geahndet wird[160].
Haschisch soll in der japanischen Unterwelt mit Gold aufgewogen werden[161]. Für den uneingeweihten Ausländer besteht absolut kein Zugang zum Verteilungssystem für illegale Substanzen, einem der großen Tabus des Landes. Viele japanische Hanfliebhaber frischen ihre Cannabisvorräte im Ausland auf und schmuggeln ihre Reisemitbringsel aus dem Himalaya unter erheblichen Risiken auf dem Seeweg via Shanghai ins Land. Das von mafiösen Organisationen importierte Schwarzmarkt-Dope ist ein Luxusvergnügen reicher Eingeweihter[162].

# *AUSTRALIEN/NEUSEELAND*

**Namen/Sorten:**
*Pot, heads, caps, grass, weed, leaf'n'tips, hybrids, Marijuana, hashish*

**Anwendung:**
Traditionell: Faserpflanze
Heute: Rauschmittel

**Anbaugebiete:**
*Newsouthwales, Queensland*
Privat- und Kleinanbau sind äußerst weit verbreitet.

**Rechtliche Situation/Sicherheit:**
Besitz/Anbau ist illegal.
Privater Umgang wird kaum verfolgt.

## Freaks im Great Dividing

Auf dem fünften Kontinent ist der Anbau und Konsum von Cannabis überaus verbreitet. Die Voraussetzungen hierfür sind in Australien geradezu optimal: Geringe Bevölkerungsdichte, bestes Klima, liberale Gesetze und Polizi-

sten machen den Anbau selbst für reine Hobbygärtner sehr interessant. Das Saatgut stammt aus importiertem Gras oder holländischen Versandgeschäften. *Aussie Heads* (head = australisch für Hanfblüte) erreichen -unfermentiert und kratzig- mühelos asiatische Potenz. Am verbreitetsten ist der Anbau im Great Dividing entlang der Ostküste, in den Staaten New South Wales, Queensland und Victoria.
Aufgrund notorischer Helikopter-Observationen finden sich in den Bergen keine großflächigen Hanf-Monokulturen; die Farmer sind um eine möglichst weite Streuung der Pflanzen bemüht, ein einzelnes Feld umfaßt kaum mehr als fünf Pflanzen. Allerdings findet sich wohl keine menschliche Ansiedlung, wo nicht irgendwo zumindest der Eigenbedarf gehegt und gepflegt wird.

Da Australier aufgeschlossene und hilfsbereite Menschen sind, haben Freaks keinerlei Probleme, Gleichgesinnte kennenzulernen. Besonders viele scheinen es in Nimben (*Mullumbimby*) beim Mt.Warnning (*Marwoodombat*) und in dem freakigen Surfer- und Pilzstädtchen Byron Bay zu sein[163].

Der Cannabis-Kleinhandel erfolgt ungestört im Freundes- und Bekanntenkreis, die Unze samenloses *skunk* (ca. 28 Gramm) kostet je nach Gegend zwischen 50 und 100 A$ (ca. 55 DM bis 110 DM). Ein paar Dollar billiger werden die - nicht einmal unbeliebten - männlichen, *leaf'n'tips* genannten Pflanzen gehandelt. Richtiggehend begehrt sind die *hybrids* genannten Züchtungen.

Am allergischsten auf Cannabis reagieren die Behörden in Queensland, wo auch kleine Mengen in den Knast führen können. In den anderen Staaten werden Ersttäter mit geringen Geldstrafen belegt, sofern die konfeszierte Menge im Rahmen plausiblen Eigenbedarfs liegt. Wer als Tourist in Australien einer Straftat überführt wird, riskiert - nach geleisteter Strafe - die Ausweisung und ein zukünftiges Einreiseverbot[164].

Auf Neuseeland ist Marijuana bei den unter 45-jährigen mindestens genauso verbreitet und beliebt wie in Australien. Kiwis sind in der Versorgung nahezu autark. Von staatlicher Seite besteht keine Repression, obgleich auch hier de facto Verbote bestehen[165].

# *Lateinamerika Karibik*

# *BRASILIEN*

**Namen/Sorten:**
*Maconha, moconha, cangonha, fumo d'Angola* (Angolanischer Rauch), *diamba, riamba, liamba, pango, pungo, canhamo* (Hanf), *canhamo da India* (indischer Hanf), *planta da felicidade* (Glückspflanze), *dirijo, tiquira, birra, cha de birra, umburu, umbaru, atchi e erva, mariguana, rafi, fininho* ("der kleine Dünne"), *basiado* (Joint), *morrao, cheio* (voll), *entorpecente* (Beruhigungsmittel), *erva* (Kraut, Gras), *fumo brabo, gongo, malva* (Malve), *fêmea* (das Weibchen), *maricas, Rosa Maria, Donna Juanita, bang, kif, haschisch, fumo de caboclo* (Rauch der Mestizen), *da-boa, mulatinha, opio do pobre, maconha negra* (*black brazil*), *maconha di pernambuco, cabeca de negro*[166]

**Anwendungen:**
Seit dem 16. Jh. als Rauschmittel.

**Anbaugebiete:**
*Pernambuco, Salvador.*
Gelegentlicher Privat- und Kleinanbau

**Rechtliche Situation/Sicherheit:**
Beitritt zur Single Convention 1976.
Hanf-Verbote schon zur Sklavenzeit. Heute jeglicher Umgang illegal.
Hochgradige Korruption.

## Angolanischer Rauch

*Esperanca é o sal da vida*
*Die Hoffnung ist das Salz des Lebens*
Brasilianisches Sprichwort

Die Lage auf dem Drogenmarkt Brasiliens hat sich in den letzten Jahren zuungunsten des Hanfs entwickelt. Werden zwar sämtliche Pulver und Pillen in den Straßen von Sao Paolo bis Bélem mittlerweile wie Sauerbier angeboten, von Hanf ist keine Rede mehr. Kokain, Crack und Designerdrogen ergänzen den exorbitanten Alkoholkonsum in der brasilianischen Gesellschaft. Überzeugte Kiffer finden sich heute allenfalls in intellektuellen Randgruppen der Ober- und Mittelschicht. Der polytoxikomanen Straße scheint der milde Hanfrausch nicht viel zu geben. Alle, die auf den Straßen und Stränden Rios, Salvadors oder Recifes irgendwelche Dienste anbieten, haben Zugang zum Verteilungssystem für Drogen. Polizeispitzel verkaufen verständlicherweise bevorzugt an schmiergeldfähige Touristen und pflegen einen auffällig aggressiven Verkaufsstil, sie bieten ungefragt und in unangenehm aufdringlicher Weise Drogen an.

Einheimische Cannabishändler rauchen meist selbst und sind oft paranoid-mißtrauisch und übervorsichtig. Sie würden einem Fremden in der Öffentlichkeit nie etwas Illegales zum Kauf anbieten. Polizeibeamte unterscheiden weder nach Drogenart noch nach Menge: Wer nicht zahlen kann geht solange in den Knast, bis die Familie oder ein Freund (oder ein Geschäftspartner) auf der Polizeistation eine Kaution hinterlegt, welche die Akte dann verschwinden, oder doch zumindest im Stapel ganz nach unten rutschen läßt. Ganze Polizeieinheiten verdienen ihren Lebensunterhalt durch derartige Praktiken, die sich von denen des brasilianischen Establishments allerdings kaum unterscheiden:

> *Im Rahmen einer Ermittlung der Bundespolizei, auf die sich die Arbeit der parlamentarischen Untersuchungskommission stützte, brachte das Wochenmagazin "Isoto" einen wichtigen Zeugenbericht, der ausführt, daß der Freundeskreis des brasilianischen Präsidenten Fernando Collor de Mello seine einflußreichen Beziehungen und von Geschäftsleuten bezahlte Schmiergelder dazu nutzte, in den illegalen Drogenhandel zu investieren*
>
> Observatoire géopolitique des drogues

Dies ist der gleiche Präsident übrigens, der bis zu seiner Entlassung Ende 1992, mit Frau Gemahlin so gerne den allwöchentlichen Marijuanaverbrennungen beiwohnte und den 'Kampf gegen Drogen' heuchelte.

Ruhesuchende ziehen sich zurück in ländliche Gegenden, vor allem in die des Nordens und Nordostens. Bekannte Zufluchtsorte sind beispielsweise Pipa (Rio Grande so Norte), Canoa Quebrada, Jerichoaquara (beide Céara), oder das schwarze Bahia mit seiner Hauptstadt Salvador und den Traumstränden bei Porto Seguro.

Bahia gehört mit Pernambuco (*Maconha de Pernambuco*) zu den wichtigsten Hanfanbaugebieten Brasiliens. Verbreitet ist Gras im riesigen Amazonasbecken, zwischen Boa Vista im äußersten Norden, Rio Branco an der peruanischen Grenze und Manaus im Herzen des übriggebliebenen südamerikanischen Urwalds. Hier liegen Schmuggelrouten für kolumbianische Drogen; hier ist die Armut am größten und die Zentrale Brasilia am weitesten entfernt. Manch'

Billighotel im dampfenden Manaus ist offensichtlicher Drogenumschlagsort. Viele Traveller knüpfen in solchen Absteigen erste Kontakte, viele holen sich aber auch die Krätze und vermissen nach ihrem Aufenthalt Geld und Gepäck[167].

*Maconha Negra* (Schwarzes Gras, auch *Cabeca de Negro*, der Mohrenkopf genannt)[168], das Spitzenprodukt brasilianischen Marijuanaanbaus, wird fast ausschließlich für den Export produziert. Der Binnenmarkt raucht meist zweit- und drittklassiges Hanfkraut, manchmal sogar noch mit Kohlestückchen der letzten (anscheinend vorzeitig beendeten) Verbrennungsaktion versetzt.

Cannabis erreichte um 1550 Brasilien, als es von Sklaven aus deren afrikanischen Heimat (Angola) mitgebracht wurde. Mit der Verteilung der Sklaven breitete sich auch der Hanf über das ganze Land aus.
Das erste offizielle Verbot der Pflanze wurde bereits im Jahre 1830 in der Region Rio de Janeiro von den weißen Sklaventreibern, wohl wissend um gewisse demotivierenden Eigenschaften des Hanfs ausgesprochen, ohne jedoch damit dem Gebrauch auch nur im geringsten Einhalt gebieten zu können. Der weiße Mann soff und rauchte parfümierte Zigarren, die Schwarzen kifften. Entsprechend der afrikanischen Herkunft, gepaart mit indianischen und portugiesischem Lokalcolorit, entstanden in Brasilien hunderte von Bezeichnungen für das Kraut, bzw. dessen getrocknete Blätter und Blütenstände [169].

# *PARAGUAY*

## Saubermann und Marsmensch

Das faschistoide Land der (selbsternannten) Saubermänner, bekannt für Recht und Ordnung, sowie Geldwäsche im größten Stil (nur die Schweiz - wenn überhaupt - wäscht noch weißer) unterdrückt auf seinem eigenen Territorium jegliche Ansätze von Subkultur mit bedingungsloser Härte.

Entsprechend dröge ist es auf den Straßen von Asunción und Encarnacion, es wirkt wie ein Rückfall in die dreißiger Jahre.
Langhaarige Männer werden teilweise wie Außerirdische begafft.

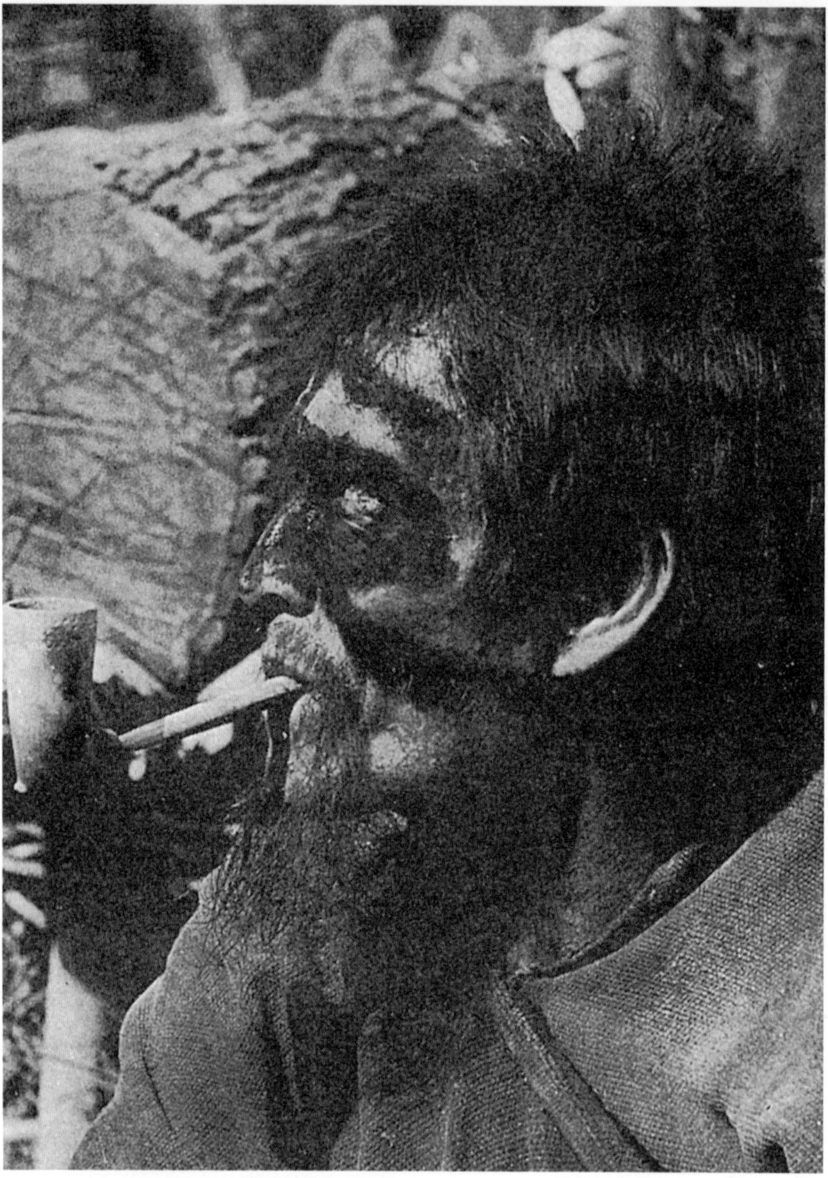

*Rauchender Yupa Indio.*

Aber dafür gibt's Kneipen mit bayerischem Bier und vollgesoffenen deutschen Immigranten. Die freuen sich auf Landsleute, sind teilweise sogar ganz gut drauf und laden auf ihre Farm ein, wo zuweilen ein paar Pflanzen hinter'm Haus versteckt stehen[170].

# *ARGENTINIEN*

## Deutsch gut, Hippie schlecht

Obwohl weite Teile des riesigen Landes aus klimatischen und geographischen Gesichtspunkten geradezu optimal für Cannabisanbau erscheinen, wird nur im bescheidenen Maßstab Marijuana produziert, der Privat- und Kleinanbau dominiert.

Das weitaus meiste des sich im Umlauf befindenden Marijuanas stammt aus Brasilien und Kolumbien. Junge Argentinier freuen sich über Kontakte zu Europäern und liegen oft auf gleicher Wellenlänge. Straßenmusikanten, Gaukler und kleine Händler, die nachts in den Städten ihre Stände aufbauen, gehören zur cannabisrauchenden Zunft und wissen gut Bescheid, haben aber einen höllischen Respekt vor der Staatsmacht. Deshalb ist Diskretion die oberste Tugend.
Die eigentlich sehr freundliche Polizei wird bei Drogenvergehen bösartig. Anständig aussehende Deutsche erfreuen sich im Naziunterschlupf Argentinien einer (allerdings recht zweifelhaften) Beliebtheit. Bei der Einreise werden hippieartige Reisende routinemäßig gefilzt, ansonsten sind Grenzübertritte problemlos.

# *KOLUMBIEN*

**Namen/Sorten:**
*La amarilla, Marijuana, la mona, ella, bota, la hoja, Santa Marta Gold, Santa Marta Red, Columbian Red, Columbian Gold*

**Anwendungen:**
Früher: Faserpflanze
Heute: Verbreitetes Rauschmittel, Exportartikel

**Anbaugebiete:**
Gesamtes Hochland (professionell)
Karibikküste (Privat, Kleinanbau)

**Rechtliche Situation/Sicherheit:**
Beitritt zu Single Convention 1975.
Anarchistische Zustände, Krieg mit der Mafia.
Konsum/Geringe Mengen Ordnungswidrigkeit.
Polizei durchweg korrupt.
Militär vergleichsweise korrekt.
**Bewaffnete Unruhen sozialistischer Guerillagruppen**
**Krieg gegen das Drogenkartell**

## La mona

Das in den vergangenen Jahren ständig in den Schlagzeilen stehende Land am Nordrand der Anden gehört zu den größten Drogenerzeugern der Welt. Marijuana wird im ganzen Land angebaut, es ist der eigentliche Exportschlager kolumbianischer Landwirtschaft (das Coca stammt ja größtenteils aus Peru und Bolivien). Da auch der Binnenmarkt von Gras überschwemmt ist, sind Klein- und Kleinsthändler so zahlreich, daß die Grenze des Erträglichen regelmäßig überschritten wird.

In Kolumbien werden beim Marijuana (*la amarilla*) zwei Sorten unterschieden: das geschätzte *la mona* (*ella*), eine Mischung aus Blüten, Harz und kleinen Blättern und *la hoja*, welches größere Blätter, auch der männlichen Pflanzen enthält.
Einheimische mischen ihr Gras häufig mit *basuco* (Kokain-HCl), einem dreckigbraunen pulvrigem Abfallprodukt der Kokainherstellung. Der Ge-

schmack erinnert an verbrennende Autoreifen, die Wirkung ist brachial, wohl auch auf Intelligenz und Lungen[171].

> *Ohne ein melodramatisches Bild der kolumbianischen Situation zu zeichnen, muß man sagen, daß die Justiz dieses Landes nicht funktioniert, weil die Verantwortlichen bestochen oder bedroht sind; 80% der Angehörigen der Polizei sind unfähig, den Drogenhandel zu bekämpfen. Die Armee ist unterwandert, der Kongreß ist unterwandert, die Presse ist unterwandert, die Guerilla ist beschmutzt; das ganze Land leidet unter der Psychose, ein großes Kokainlabor zu sein, unverstanden und verschmäht vom Rest der Welt.* El Pais, Madrid, 22. Februar 1987, nach Ambos

> *Kolumbiens Drogenzar Pablo Escobar wurde im Dezember erschossen, der Krieg gegen die Rauschgiftmafia ist trotzdem verloren. Diejenigen, die ihn kommandieren, ahnen es, aber sie haben nicht den Mut, ihre Niederlage einzugestehen. Statt dessen fordern sie immer mehr Waffen und immer mehr Geld. Die Drogenbekämpfer sind drogenabhängig geworden.*
> DIE ZEIT, 6. Mai 1994

> *Die Qualität von Sinsemilla ist unbestreitbar hoch, da sind sich auch fachkundige Konsumenten einig, doch gilt es beim Qualitätsvergleich zu differenzieren. Vom Preisunterschied einmal abgesehen, die Kaufentscheidung etwa zwischen kolumbianischen und nordamerikanischen Gras der Sinsemilla-Qualität wird von der gewünschten Wirkung bestimmt. Wer stoned gehen will, wird sich für kolumbianisches Gras, wer high werden will, wird sich für Sinsemilla-Gras entscheiden.* (Amendt, 1990)

> *Rechnen sie alles zusammen - die Korrumpierung des Staates, die Toten und die Umweltzerstörung -, dann kommen manche Experten zu einer verheerenden Bilanz: Der Krieg gegen das Rauschgift fordert mehr Opfer als der Drogenkonsum. 'Ich glaube, der Krieg gegen die Drogenkartelle ist ein Fehlschlag', sagt Kolumbiens Oberstaatsanwalt Gustavo de Greiff.*
> Stuttgarter Nachrichten, 17. Mai 1994

> *Mit einer Volksabstimmung will Kolumbiens Präsident Gaviria gegen die Entscheidung des Verfassungsgerichts vorgehen, den Besitz von kleinen Mengen Drogen zu legalisieren.* *taz*, 20. Mai 1994

Die Polizei spielt im kolumbianischen Drogenalltag eine Nebenrolle (außer bei der Ausreise am Flughafen!!). Viele Polizeibeamte sprechen selbst dem Coca und Hanf zu und haben sich mit dem viel zu wehrhaften und sowieso nicht besiegbaren Drogengeschäft längst abgefunden.

Engagierter sind Spezialeinheiten und das Militär, zu erkennen an schwerer Bewaffnung, rudelweisem Auftreten und klarem Blick. Recht humorlose Gesellen zwar (im Vergleich zu so manchem Polizisten...), aber recht empfänglich für (geheuchelte) Ehrfurcht. Stimmen die Papiere und Outfit, so hat der Europäer kaum Schwierigkeiten mit ihnen.
Hauptstraßen und Eisenbahnlinien werden ständig gecheckt, Verdächtige gefilzt. Der Besitz kleiner Mengen Cannabis zum Eigenverbrauch (20g Marihuana, 5g Haschisch) gilt als Ordnungswidrigkeit und wird mit maximal 1 Monat Gefängnis und einem halben Monatsgehalt bestraft. Bei Wiederholungstätern (innerhalb eines Jahres) kann sich die maximale Strafe auf 1 Jahr Gefängnis und einen ganzen Monatslohn erhöhen[172].
A propos Knast: Als *marihuaneros* werden nicht nur Kiffer bezeichnet, es scheint ein allgemeines Schimpfwort für Menschen mit geringem sozialen Status und für Verbrecher zu sein.

Obwohl der Hanf bereits Anfang des 17. Jahrhunderts von den Spaniern als Faserlieferant für die *Armada* eingeführt wurde, erlangte er bis ins heutige Jahrhundert keine besondere Bedeutung. Seine immense Ausbreitung begann mit den Arbeiten am Panamakanal Ende des letzten Jahrhunderts. Zahllose Arbeiter aus allen Anrainerstaaten trafen bei dem amerikanischen Mammutprojekt zusammen[173].
Man lernte sich kennen, tauschte sich aus, übernahm Bräuche und Sitten anderer Völker. Wie beispielsweise das in der Karibik weit verbreitete Hanfrauchen, welchem die lebensfrohen Kolumbianer besonders gerne zusprachen.

Die Hauptanbaugebiete liegen in den Departements Viejo Caldas, Meta und Tolima, in Antioquia nahe Medellin, im Indiogebiet Cauca, in der Gegend von Cali, an der Küste zwischen Barranquila und Cartagena und - last not least - in der Sierra Nevada Santa Marta, von wo das potenteste Marijuana Kolumbiens stammen soll. Angeblich (US Departement of State) soll der Anbau von 13.000 Hektar 1987 auf 1.500 Hektar im Jahre 1991 zurückgegangen sein[174].
Das in den Bergen Kolumbiens angebaute rostbraune Marijuana (*Columbian Red*) ist in erster Linie für den Export bestimmt, das olivgrüne, etwas weniger potente der Karibikküste für den Binnenmarkt.
In den kolumbianischen Bezirken Caqueta, Cauca und im Gebirge von San Lucas wird krümeliges, an marokkanisches Kif erinnerndes Haschisch hergestellt[175].
Mit dem Beginn der Regenzeit im März, beginnen die *cachacos* genannten Bergbauern mit der Aussaat des Hanfs (gelegentlich in Gewächshäusern). Ameisen sind hier die größten natürlichen Feinde der jungen Pflanzen und werden durch großzügigen Insektizideinsatz bekämpft.

Die Felder stehen versteckt hinter Getreideäckern an tiefen Talstellen, wohin keine Wege mehr führen. Aus diesem Grunde erfolgt die staatliche Verfolgung fast ausschließlich per Helikopter.

Bauern der Küstenregionen säen stets direkt ins Freiland, reißen nach ein paar Wochen die kümmerlichsten Sprößlinge aus und hüten die verbliebenen Pflanzen wie die Deutschen ihr Auto. Nach einem halben Jahr fast schon libidöser Hege und Pflege wird im September die Ernte eingeleitet, was in einer einzigartigen Prozedur erfolgt: Im Fußbereich des Stengels schält der Besitzer einen schmalen Gürtel Rinde ab und schon nach zwei, drei Tagen werden die Blätter gelb und fangen an abzufallen. Sie werden gesammelt und auf dem Provinzmarkt verkauft. Nach gut einer Woche sind nur noch die Blütenstände der weiblichen Pflanzen (*la mona*) übrig.
Die meisten Küstenbauern sind leidenschaftliche Raucher und verkaufen ihr heißgeliebtes *La Mona* nur in Notzeiten.

# *VENEZUELA*

## Der brave Nachbar

Das landschaftlich umwerfende Land hat nichts von dem, was seinen westlichen Nachbarn "auszeichnet": weder anarchistische Zustände, noch einen allgegenwärtigen Drogenkrieg.
Freaks haben es nicht leicht. Die Neckermann-Inseln in der Karibik sind langweilig, die Großstädte extrem europäisch. Marijuana ist wenig im Umlauf. Weiter nach Süden, im Hochland verbessert sich die Situation etwas.

Manche junge Venezolaner haben sich darauf spezialisiert, Ausländern ihre Dienste anzubieten. Sie sprechen selber eher dem Schnaps und Coca zu, haben aber sicher auch Connections zum Hanfhandel. Die Indios rund um den heiligen Berg Roraima halten sich sehr bedeckt und scheinen eher am Alkohol zugrunde zugehen.
Entsprechend der geringen Drogenpräsenz hält sich die Polizei, außer im Grenzgebiet bei der Einreise aus Kolumbien und an den Flughäfen, zurück.

# *ECUADOR, PERU, BOLIVIEN, CHILE*

## Vom Coca ist die Rede

Vor allem in Peru und Bolivien dreht sich alles um das Kokain. Der bestens gedeihende Hanf spielt weder im alltäglichen Räuber-und-Gendarm Spiel, noch im Konsumverhalten der einheimischen Indios eine Rolle. Sie stillen ihr Bedürfnis nach psychotroper Beeinflussung durch ungezählte Datura- und Lianenarten und immer mehr mit Schnaps. Hanftradition haben sie keine. Polizeiliche Beschlagnahmungen sind eher zufälliger Natur.

Ganze Täler sind in Chile mit Cannabis bepflanzt. Der Hanf dient der Fasererzeugung, ist kaum von Wirkung und wird nicht konsumiert. Die zahlreichen einheimischen Kiffer beziehen ihr Marijuana aus dem Ausland (Kolumbien) oder von ein paar Pflanzen im Maisfeld.
Die chilenische Polizei ist für südamerikanische Verhältnisse sehr korrekt, ein Bestechungsversuch kann stärker geahndet werden, als der Besitz von Marijuana.

In Ecuador ist viel kolumbianisches Gras im Umlauf, welches Ausländern häufig angeboten wird. Wer unauffällig und korrekt seinem Urlaubsprogramm nachgeht, wird mit Militär und Polizei kaum in Kontakt kommen. Dies geschieht gewöhnlich nur an der Hauptreiseroute Quito/Ecuador - Pasto/Kolumbien und bei der Einreise aus Peru.

Peru läßt den Besitz von Marijuana zum Eigenverbrauch straflos zu. Ein Freund hielt unlängst mitten in Lima mit einem großem Sack getrockneter Hanfblätter unter'm Arm (und im Kopf) so lange eine lautstarke Lobrede auf das Kraut, bis die Polizei ihn abführte - wegen Erregung öffentlichen Ärgernisses...

# GUATEMALA, COSTA RICA, BELIZE, PANAMA, HONDURAS, NICARAGUA

**Name:**
*Marijuana, marihuana* (überregional), *hierba santa, hierba verde, mala vida, zacate chino, mariquita, panama gold, red panama*

**Anwendung:**
Früher: Faserhanf, Volksmedizin
Heute: beliebtes Rauschmittel. Exportartikel (Guatemala, Nicaragua)

**Anbaugebiete:**
Professionell: Nicaragua, Guatemala
Privat- und Kleinanbau: in allen Staaten.

**Rechtliche Situation:**
**Panama:** Gründerstaat der Single Convention 1964.
**Guatemala:** Beitritt zur Single Convention 1967.
**Costa Rica:** Beitritt zur Single Convention 1970.
**Nicaragua, Honduras:** Beitritt zur Single Convention 1973.
Marijuanabesitz und -handel strafbar, weitverbreitet und kaum verfolgt.
Korruption an der Tagesordnung.
**Guerillakrieg in Guatemala**

## Sündenböcke

Überall in Mittelamerika wird Cannabis angebaut, gehandelt und konsumiert. Wichtige Anbaugebiete (auch Export) finden sich in der Gegend von Matagalpa (Nicaragua), bei Jalapa, Huehuetenango, sowie in der Tiefebene um Flores (alle Guatemala)[176].
Die meisten Länder sind mit Bürgerkriegen, Kokaintransit und dem Aufbau einer Infrastruktur vollauf beschäftigt, das Marijuana und dessen Konsum wird kaum bekämpft und interessiert nirgendwo ernstlich. Der Hanf ist, Jahrhunderte nach Einführung durch die Spanier, festverwurzelt und findet überall seine Freunde.
Interessanterweise haben die Staaten, in denen Marijuana weitverbreitet ist, im

Unterschied zu hanffreien Karibikstaaten kaum Alkoholprobleme, wie in der amerikanischen *Costa-Rica-Studie* festgestellt wurde[177].

Die Vereinigten Staaten betreiben auch 1994 - wenn auch weniger publicitygeil als unter Reagan & Bush - ihren leidvollen '*war on drugs*' gegen diverse mittel- und südamerikanische Staaten. Zahlungen von Entwicklungs- bzw. Wirtschaftshilfe werden von einer US-genehmen Innenpolitik abhängig gemacht. Das amerikanische Vorgehen stößt in Lateinamerika verbreitet auf Kritik und Bedenken. "Die Staaten fühlen sich (zu Recht) von den USA diskreditiert und sozusagen mit der 'Pistole auf der Brust' dazu gezwungen, politische Programme zu implementieren, die an den Realitäten (Drogenkultur, politische Kultur, Rechtskultur) ihrer Länder vorbeigehen. Sie tragen vielmehr zu dem ohnehin in Lateinamerika weit verbreiteten Bild vom schlechten 'Gringo' bei und haben in der Vergangenheit primär dazu geführt, die innenpolitische Situation in den Drogenanbauländern zu verschlechtern". (Beke-Bramkamp)

In Mittelamerika hat der - von den Spaniern eingeführte - Hanf auch bei verschiedenen Indianerstämmen Einzug gefunden: Die Cuna-Indianern der San Blas-Inseln (Panama) rauchen Gras bei ihren Ratsversammlungen, es gilt als heilige Pflanze[178]. Die Lakandonen nennen Marijuana *huntul kuts* ("anderer Tabak") und gebrauchen es in Form alkoholischer Auszüge überwiegend als Heilmittel[179].

# *MEXIKO*

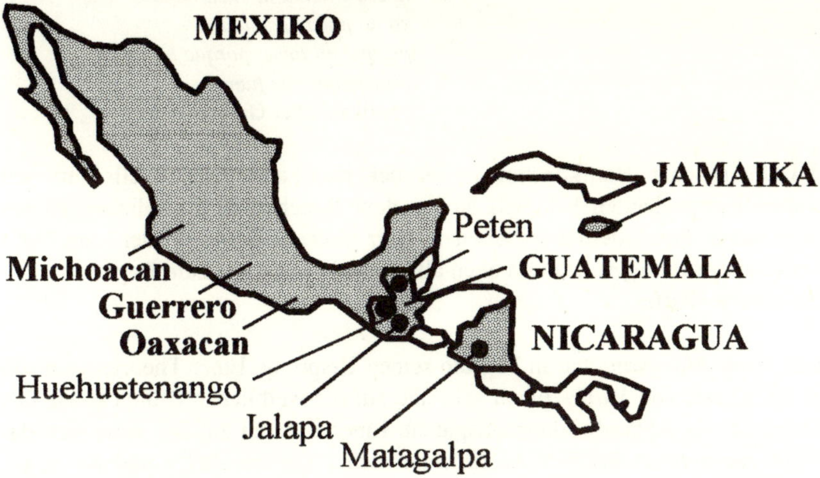


**Name/Sorten:**
*Canhamo, marijuana, Maria Rosa, Rosamaria*
*Acapulco Gold, Oaxacan Sinsemilla, Guerrero Gold*
Früher: *pipiltzintzintli*

**Anwendung:**
Früher: vereinzelt sakrale Bedeutung, Volksmedizin
Heute: Verbreitetes Rauschmittel, Exportartikel

**Anbaugebiete:**
Oaxaca, Veracruz, Michoacan, Guerrero, Westküste
Privat- und Kleinanbau verbreitet.

**Rechtliche Situation:**
Beitritt zur Single Convention 1976.
Absolutes Cannabisverbot, hohe Strafen, auch auf Besitz zum Eigenbedarf.
Behörden engagiert im Drogenkrieg.
Kleine Beamte korrupt.
**Rebellenkämpfe in Südmexiko (Zapatistas)**

**Hanfkulturelles:**
**Literatur:**
John Reed, *Insurgent Mexico*
Jack Kerouac, *Engel, Kif und neue Länder* (Rowohlt)

# Die roten Augen der Kakerlake

*la cucaracha, la cucaracha*
*yo no puede caminar*
*porque no tiene, porque no tiene,*
*Marijuana que fumar*
Mexikanischer Gassenhauer

Hedonistischer Hanfkonsum ist in der mexikanischen Gesellschaft seit frühen Kolonialzeiten bekannt. Neben dem Rauchen der weiblichen Blüten (*marijuana, bota*), dem abgeriebenem Harz (*marijuana pura*) oder - zur Not - den Blättern (*la hoja*) gehören auch alkoholische Auszüge zum Repertoire mexikanischer Kiffer.

Der Name *Marijuana* hat in Mexiko seinen Ursprung. Einer Theorie nach soll er ein Kürzel von *Maria Juana* sein und auf die weiblichen Blüten sowie den Gebrauch als Aphrodisiakum anspielen. Einer anderen zufolge setzt sich das Wort aus den aztekischen Ausdrücken *mali* ("Grasbüschel") und *ha huana* ("berauschend") zusammen.
In den Anfangszeiten der Kolonialherrschaft wurde der Hanf nach der sagenumwobenen aztekischen Zauberpflanze *pipiltzintzintli* ("die ehrwürdigen kleinen Kinder") benannt, welche mittlerweile allerdings als die psychotrope Salbei-Art *Salvia divinorum* identifiziert wurde[180].

Der "mexikanische Robin Hood" und Volksheld ganzer Generationen Francisco "Pancho" Villa, war wohl der prominenteste Kiffer ganz Lateinamerikas. Ihm und seinem Spitznamen zu Ehren entstand das Volkslied *la cucaracha* (die Kakerlake), welches in hunderten Strophen von Pancho Villas Marijuana-Vorliebe berichtet[181].

In der Volksmedizin ist Marijuana als vielseitiges Heilmittel seit dem 19. Jahrhundert bekannt. *Curanderos* (Kräuter-Heiler) bekämpfen mit Hanf-Zimt-Zigaretten Asthma, alkoholische Auszüge dienten der Behandlung von Magen-Darm-Leiden, Tetanus, Tuberkulose, Fieber, Rheuma, Tobsuchtanfällen, Delirium tremens und chronischer Schmerzen[182].
Die in ganz Mexiko beliebten Kampfhähne und -stiere werden vor wichtigen Kämpfen zuweilen mit Marijuana "gedopt"[183], der Stoff soll die Ausdauer und Aggressivität der Tiere steigern.

Im Gebiet des Golfes von Mexiko leben vereinzelt noch die Ureinwohner der Tepehuan (Tepecano), welche die "heilige Rose" *santa rosa* verehren.

Santa Rosa ist nichts anderes als Hanf, gilt als göttlich und findet sich auf den Altären neben anderer Reliquien. Die Heilige Rose dient dazu, "*mystische Visionen der göttlichen Erdmutter zu empfangen*"[184]. Es werden ihr täglich Opfer gebracht und das Kraut wird bei besonderen religiösen Anlässen (wie Priesterweihen und Erntedank) gelegentlich als Peyote-Ersatz verspeist.
Das Rauchen scheint keine Tradition zu haben, der außerrituelle Verbrauch wird abgelehnt[185].
Auch die Cora-Indianern der Sierra-Madre-Occidental gebrauchen Cannabis bei ihren religiösen Zeremonien. Besonders bemerkenswert ist dies, da von Fremden eingeführte Pflanzen normalerweise keinen Eingang in die sakralen Rituale amerikanischer Indianer fanden[186].

Bei den *Senussi* und *Baluba* wird Marijuana gemeinsam zur profanen Berauschung geraucht: "*Die Raucher setzen sich im Kreise und legen einen Leguan in die Mitte. Sobald der Saurier, betäubt vom Rauschgift, ohnmächtig wird, weiß man, daß es Zeit ist, mit dem Rauchen aufzuhören*"[187].

Die Hanf-Situation im modernen Mexiko ist verfahren. Der Nachbar im Norden hat auch dem Kraut den Krieg erklärt und das ökonomisch abhängige, durch und durch korrupte Mexiko mit seinem korrupten Politsystem spielt mit. Faschistoide Kontrollen von Zoll und Einwanderungsbehörden erwarten verdächtige Reisende an allen Grenzstationen nach Kalifornien, Arizona, Neu Mexiko und Texas[188]. Mißtrauen und Verfolgungsangst sind in der Bevölkerung, die den Geist Pancho Villas nur noch paranoid-versteckt weiterleben lassen kann, weit verbreitet.

Großanbau ist selten geworden. Die immer rasanter nachlassende Nachfrage aus den Vereinigten Staaten, wo billiges *Columbian Red* und brachiales kalifornisches *Sinsemilla* den Markt überschwemmte, wirkte sich auch auf den mexikanischen Marijuana-Anbau aus. Viele Bauern sind daher umgestiegen auf Mohn, und in steigendem Maße breitet sich der Heroinkonsum in der mexikanischen Gesellschaft aus.

In den Touristenhochburgen am Golf von Kalifornien dreht sich alles um die Knete der amerikanischen Touristen und besonders ums Kokain. Hanf will niemand mehr[189].

Je näher der Süden und die tropische Karibikküste rücken, umso entspannter wird das Land. Wenn auch auf niedrigerem Niveau, so wird doch nach wie vor in den mexikanischen Nordstaaten, entlang der Westküste und in den südlichen Provinzen Oaxaca und Veracruz Cannabis angepflanzt, denn zumindest die

*Die Tabak-Multis lechzten nach einem Tabak-Ersatzstoff. Schon vor über 20 Jahren wurden klassische Dope-Namen von ihnen als Warenzeichen geschützt.*

einheimische Nachfrage muß befriedigt werden. Die besten mexikanischen Sorten sollen aus Michoacan und Guerrero stammen[190]. Ein Tourist wird sich kaum in die Gegenden der Anpflanzungen verirren. Es führen aus sicherheitstechnischen Gründen gar keine Straßen dahin.

> *Das ganze Gerede über das billige Gras in Mexico sollte dich nicht zu sehr erregen. Kaufst du Gras in einem fremden Land, solltest du es dort rauchen. Obwohl viele Leute erfolgreich den Zoll passieren können, lohnt sich das Risiko nicht. Die Zollbeamten sind berechtigt, dich gründlich zu untersuchen, auch wenn sie absolut keinen Grund dazu haben. Und ihre Checkmethoden werden ständig raffinierter. (Die Grenzbeamten bei Tijuana setzen ausgebildete Spürhunde ein, die das Gras trotz Kohlenmonoxydabgase erschnüffeln...). Und oft verständigen die Verkäufer die Grenzwachen, weil sie dann ihr Gras zurückkriegen, zumindest aber eine Belohnung erhalten.*
>
> Margolis/Clorfene

Leider (aber nicht ganz zu unrecht) erfreuen sich die als *gringos* beschimpften Weißen in ganz Mexiko keiner sonderlichen Beliebtheit. Das Beherrschen eines spanischen Basiswortschatzes und entsprechendes Benehmen gehören in Mexiko zur "Grundausstattung" und öffnet viele Türen, die ansonsten verschlossen blieben.

Deutsche erfreuen sich vieler Sympathien (manchmal fragt man sich wirklich warum) und werden spätestens dann die Herzen der Mexikaner erobern, wenn sie sich für Fußball interessieren und Hugo Sanchez als besten Mittelstürmer aller Zeiten ansehen (auch wenn es in Wirklichkeit Gerd Müller war...).
Eine schöne Form der Völkerverständigung, die auf der ganzen Welt ihre Gültigkeit hat.

*Bei den Rastafaries in Jamaika gehören Musik und Marijuana zum göttlichen Auftrag. Wobei sie den Kiffauftrag aus der Bibel herleiten. Yeah, man.*

# *JAMAIKA*

**Namen/Sorten:**

*Sensi* (von *sinsemilla* = span.: ohne Samen, sehr beliebt)
*Ganja* (allgemeine Bezeichnung)
*Herb* (allgemeine Bezeichnung), *da hola herb* (das heilige Kraut)
*Goats Shit* (gedüngt mit Ziegenscheiße)
*Burr* (potent), *Cotton* (selten und hochpotent), *Lamb's Bread* (potent), *Mc-Coney* (mild und beliebt), *Goat's Horn* (weniger beliebt, kratzig), *Bush, Mad* (männliche Pflanzen, für Tees und Stärkungsmiitel), *Collie* (vereinzelt sehr beliebt), *Conoisseur* (dunkel, stark), *Kali, Collie, Callie, Cally* (weibliche Blüten, begehrt), *Spliff* (Ganja-Joint)[191]

**Anwendung:**

Früher: Rauschmittel indischer Arbeiter
Heute: Volksmedizin, Sakrament, verbreitetes Rauschmittel, Exportartikel

**Anbaugebiete:**

Ländliche Gebiete, St.Ann, Portland, Manchester
Wildes Hanfvorkommen

**Rechtliche Situation/Sicherheit:**

Gründerstaat der Single Convention 1964.
Erstmaliger Besitz: max. 1.000 Jam.$, max. 3 Jahre Knast.
Konsum und Handel weitest verbreitet, geduldet.
Polizei größtenteils korrupt.

**Hanfkulturelles:**

**Musik:**
Peter Tosh, *Legalize it, Bush Doctor*
Inner Circle, *Everything is great*
Bob Marley, *Songs of Freedom*
**Literatur:**
Wolfgang Bender, *Rastafari-Kunst aus Jamaika* (Edition Con)
Girma Gebre-Salassie, *Babylon muß fallen* (Raymond Martin Verlag)
Peter M. Michels, *Rastafari*

# Das Salomonische Grab

*"Smokin', smokin' smokin' is good for the brain"*
(Inner Circle)

Die Geschichte des Hanfs auf Jamaika wurde in den dreißiger Jahren dieses Jahrhunderts geschrieben und ist im Grunde die Geschichte der sich aus der äthiopischen koptischen Glaubensgemeinschaft herausgebildeten Rastafarian-Bewegung.
Der koptische Laienprediger Leonard Howell zog in den Zwanziger Jahre durch die jamaikanischen Lande, um die Krönung des Ras Tafari Makonnen im fernen Äthiopien zum *König der Könige*, dem *Haile Selassie* zu verkünden. Der fanatische Howell fand durch seine leidenschaftlichen sozial-kritischen Predigten schnell zahlreiche Anhänger in einer hoffnungslos verarmten jamaikanischen Landbevölkerung und verbrachte wegen "Volksverhetzung" mehrere Jahre hinter Gittern.

Anfang der Fünfziger Jahre gründete Howell die *Äthiopische Heilsgesellschaft*, welche in den Bergen vom Kalkbrennen und Ganjaanbau lebten, bis die Polizei 1954 die christliche Sekte zerschlug.
Howell, angeblich dem Größenwahn verfallen, wanderte in die Nervenheilanstalt. Seine Anhänger (die *Rastas*) flohen in die Hauptstadt Kingston und vereinigten sich zur *Ethiopian Zion Coptic Church*[192].

Das Leben eines Rastas unterliegt zahlreichen Geboten und Vorschriften. Sie grenzen sich scharf vom Verhalten der Christen Europas und Nordamerikas ab. Der Rasta ißt kein Schwein, trinkt keine Kuhmilch, schneidet sich weder Haare (dreadlocks) noch Nägel. Er begibt sich nach Möglichkeit in kein Krankenhaus. Ein Rasta erkennt Grundbesitz nicht an, er nimmt sich das zum Leben benötigte Land, er lehnt Politiker und Parteien ab, betrachtet Jamaika als Hölle ohne Hoffnung. Sein Land der Verheißung ist Äthiopien.

> *Für die Rastas ist Ganja - Cannabis sativa, das einheimische Marihuana - das <heilige Kraut>, von dem an mehreren Stellen der Bibel gesprochen wird. Es wird auch <Kraut der Weisheit> genannt, weil es Legenden zufolge auf dem Grab Salomons gewachsen sein soll. Es gilt unter der Mehrzahl der Rastas als Nahrung für das Gehirn und als Heilmittel. Man sagt ihm auch nach, daß es eine tiefere und klarere Einsicht in das Leben vermittle. Als frische Pflanze wird das Ganja ähnlich wie Spinat als Gemüse zubereitet, das besonders gut für Kinder sein soll.*
>
> Michels, 1979

*Das Rauchen des heiligen Ganja-Sakraments ist nach wie vor einer der umstrittensten Aspekte der ganzen Bewegung. Natürlich nehmen nicht alle Mitglieder das Kraut. Es wird in einer Pfeife, der 'chalice' geraucht, die aus dem Horn der Ziege oder aus Bambus gemacht ist. Das Ritual der Vorbereitung der Pfeife - erst wird sie mit Wasser gewaschen, dann mit Tabak und den 'Kräutern' gefüllt, dann angezündet - ist etwas Heiliges und wird von Gebeten, dem Rezitieren von Psalmen und Segenswünschen begleitet.*

(Höfer, 1983)

Um nicht ständig auf den illegalen Markt angewiesen zu sein, bauen die meisten Rastas selber an. Gras ist längst ein normaler Bestandteil des jamaikanischen Alltags[193].

Die Unabhängigkeit Jamaikas 1962 brachte den mittlerweile über die ganze Insel verbreiteten Rastas eine Atempause und der Höhepunkt ihrer Geschichte war ohne Zweifel der Staatsbesuch Haile Selassies im April 1966.

Obwohl sich Ende der Siebziger Jahre endlich ein parlamentarischer Ausschuß mit der Entkriminalisierung des Hanfkonsums beschäftigte, wurde nie ein Gesetz daraus. Im Gegenteil. Die Situation verschärfte sich in den achtziger Jahren wieder. Kein Wunder, wurden doch über 90% der jamaikanischen Ganja-Produktion in die Vereinigte Staaten exportiert[194].

Nach dem "Dangerous Drugs Act" (unter den der beliebte Zuckerrohrfusel allerdings nicht fällt...) kann bereits erstmaliger Ganja-Besitz mit 1.000 Jamaican Dollar (ca. 950 DM) und einer maximal dreijährigen Gefängnisstrafe geahndet werden. In Anbetracht der 10.000 jamaikanischen Ganjabauern und etwa 150.000 Konsumenten hält niemand auf der Insel die Gesetze für ernsthaft durchführbar, sie stellen einzig und allein eine Geste des *good wills* gegenüber den USA dar. Überall auf Jamaika wird heute gedealt und gekifft[195].

An den Hauptstraßen sind Polizei-Checks häufig. Verdächtige Touristen werden von den Gesetzeshütern in Uniform und Zivil nicht verschont, besonders dann, wenn amerikanische "Berater" in billigen Massenanzügen und Spiegelbrillen den Kontrollen beiwohnen. Kleine harmlose Kiffer, die den reuigen Sünder spielen, kommen nach spektakulärer Verhaftung und Abtransport auf die Wache mit dem blauen Auge einer beleglosen Zahlung von vielleicht hundert Dollar davon.

Einem Bekannten[196] wurde auf einer Polizeiwache unverhohlen nicht nur der Rückkauf des soeben beschlagnahmten Sensimilla angeboten, der Beamte vertrieb schmunzelnd und mit tiefroten Augen die gesamten Sicherstellungen des letzten halben Jahres. Viele Polizisten sind nebenberuflich auch in der Zimmervermietung tätig, was für Uneingeweihte zuweilen - je nach Sensibilisierungsgrad - in skurril-beängstigenden oder auch amüsanten Aha-Erlebnissen mündet.

Weiße Nicht-Rastas haben es auf Jamaika schwer, über das schlechte Image der verhaßten *Jacks* oder *Whities* hinauszukommen. Touristen wird auf den Straßen Kingstons prinzipiell schlechtes Ganja angeboten. Gutes Gras rauchen Rastas selber, bevorzugt in der *chalice*, der jamaikanischen Wasserpfeife[197].

Die einstige Trauminsel hat sich in den vergangenen Jahren leider immer mehr zum US-amerikanischen Snob-Badeort, mit all seinen Nachteilen entwickelt: hohe Preise, wachsende Kriminalität, mieses Feeling. Überall schießen Luxushotels in die Höhe, von den Staaten ist es schließlich nur ein Katzensprung dorthin.
Freaks bleibt nur die Möglichkeit der Flucht. Entweder nach Süd- bzw. Mittelamerika oder in den Norden und in ländliche Gebiete der Insel. So beispielsweise in die Gegend der "Ganja Stadt" St. Ann, westlich von Ocho Rios, oder nach Portland und Manchester. Im Landesinneren stößt man überall auf ein paar Stengel des wie Unkraut wuchernden Hanfs[198].

## Ziegenschiß im Morgentau

Auf den roten bauxithaltigen Böden gedeiht Cannabis bestens. Die Aussaat erfolgt im Frühjahr im Gewächshaus. Nach einem Monat werden die dann etwa 30 cm großen Pflänzchen in einem Reihenabstand von etwa 60 cm ausgepflanzt. Die professionellen Anbauer düngen und bewässern regelmäßig ihre Pflanzen, pflügen und jäten häufig das Unkraut und verwenden leider auch Insektizide.
Auf Hanfsamen scharfe Vögel sind neben der Polizei die größte Gefahr der Plantagen. Sie zerstören bei ihren Luftangriffen die wertvollen Blütenstände. Zur Reifezeit (ca. 6 Monate nach Aussaat) werden deshalb Vogelscheuchen - häufig mit Kassettenrecorder und Endloskassette ausgestattet - aufgestellt und die Steinschleuder eingesetzt.
Wenn die Samen tiefschwarz sind, wird geerntet. Zuerst die Blätter, dann Samen/Blüten und zum Schluß die Stiele. Die Trocknung und Fermentation erfolgt auf Planen in der Sonne. Nachts werden die Pflanzen im Freien gelassen, der Morgentau sorgt für eine gewisse, von den Rauchern auch geschätzte Feuchtigkeit im Ganja[199].
Da alle Plantagen inzwischen von Bewaffneten bewacht werden, empfiehlt es sich für jeden Fremden, einen weiten Bogen um sie herum zu machen, zumal in den Zeiten von CIA und FBI jedem auftauchendem Weißen (verständlicherweise) prinzipiell viel Mißtrauen entgegengebracht wird.

*Wo der Hanfhandel verboten ist, läßt sich zumindest mit Paraphernalia Geld machen. Sack aus Stuttgarter Head Shop "Highlight".*

# *Nordamerika*

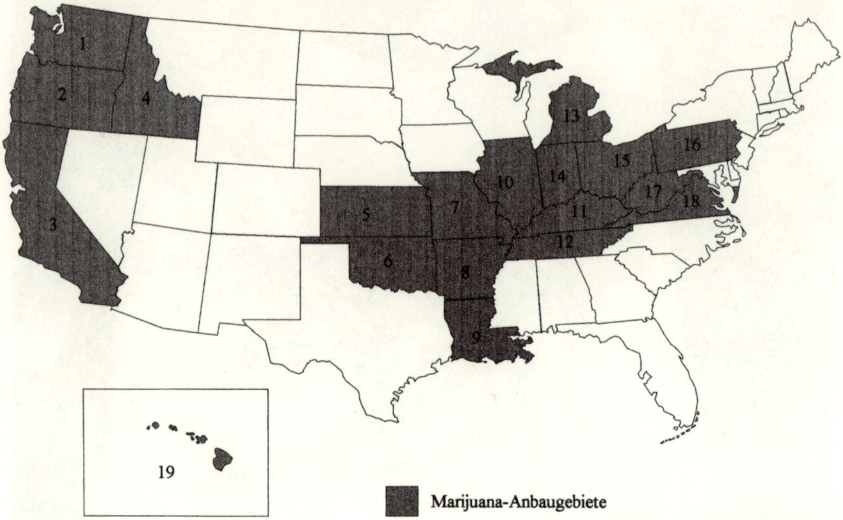


1 Washington
2 Oregon
3 California
4 Idaho
5 Kansas
6 Oklahoma
7 Missouri
8 Arkansas
9 Louisiana
10 Illinois
11 Kentucky
12 Tennessee
13 Michigan
14 Indiana
15 Ohio
16 Pennsylvania
17 West Virginia
18 Virginia
19 Hawaii

Carte: Carlo Schmid/Stefan Haag

# USA

*Kommt alle! Stehet auf!*
*Dort drüben dämmert eben der Morgen.*
*Jetzt höre ich sanftes Lachen.*
Indianisches Sprichwort

**Namen/Sorten/Synonyme:**

*Hemp, pot (*aus dem Mexikanischen*: pot*agua ya = Hanfpflanze*), pod, has-hish. hash, grass, dope, reefer* (Joint), *boo, baby, bale* (ein Pfund Hanf), *bomb* (dicker Joint), *can* (eine Unze Marijuana), *fatty* (dicker Joint), *gage, gangster, giggle, green, griffo, hay, Indian hay* (Haschisch), *jive, key* (1 Kilogramm Cannabis), *kif, jay smoke* (Joint), *Mary Jane, Mexican blow, MJ, mohasky, mota, mu, muggles, pin* (dünner Joint), *punk* (schlechtes Marijuana), *quarter bag* (25$-Portion), *rainy day woman, rope, root* (Joint), *woman* (Joint), *red dirty marijuana* (wilder Hanf), *rough stuff* (ungereinigtes Gras, mit Stengeln und Samen), *(thai-), smoke, stick* (Joint), *stuff, tea, Texas tea, thumb* (fetter Joint), *weed, Acapulco gold* (hochpotentes Marijuana aus Zentralmexiko) *purple hawaii* (sehr potente Marijuana-Sorte*), roach* (der THC- und teerhaltige letzte Zug eines Joints; aus dem Mexikanischen: cuca*racha* = Kakerlake*), weed, sensimilla* (samenloses Gras), *red-oil, black-oil, honey-oil* (alle drei Hanf-Öl), *Wacky Weed, California Purple Sinsemilla, Kona Gold* (Hawaii)[200]

**Anwendungen:**

Früher: Faserpflanze, Volksmedizin
Heute: weit verbreitetes Rauschmittel, Faserpflanze, Schulmedizin

**Anbaugebiete:**

Kalifornien, Oregon, Hawaii, Missouri, Arkansas, Kentucky, Virginia, Kansas
Privat- und Kleinanbau in allen Bundesstaaten.

**Rechtliche Situation:**

Initiator und 1967 Unterzeichner der Single Convention.
Bundesgesetz erschreckend hart und altmodisch.
Maximalstrafen für erstmaligen Marijuanabesitz zum persönlichen Gebrauch: Alabama (5-20 Jahre Gefängnis, Strafe bis $20.000), **Alaska** (bis 1 Jahr und/oder bis $1000, Privatanbau legal), Arizona (bis 10 Jahren oder bis $1000), Arkansas (2 bis 5 Jahre und bis $2000), **Kalifornien** ($100 und/oder bis 1 Jahr), Colorado (2 bis 15 Jahre und bis $10.000), Connecticut (bis 1 Jahr oder bis $1000), Delaware (bis 2 Jahre und bis $500), District Of Columbia (bis 1 Jahr und/oder bis $1000), Florida (bis 5 Jahre

und/oder bis $5000), Georgia (2 bis 5 Jahre und bis $2000), Hawaii (bis 5 Jahre), Idaho (bis 10 Jahre), **Illinois** (bis 1 Jahr und/oder bis $1500), Indiana (2 bis 10 Jahre und bis $1000), **Iowa** (bis 6 Monate und/oder bis $1000), **Kansas** (bis 1 Jahr), Kentucky (2 bis 10 Jahre und bis $20.000), **Louisiana** (1 Jahr und/oder $500), Maine (bis 11 Monate und bis $1000), Maryland (2 bis 5 Jahre und bis $1000), Massachusetts (bis 30 Monate Erziehungsanstalt, bis 42 Monate oder $1000), Michigan (bis 10 Jahre und bis $5000), Minnesota (5 bis 20 Jahre und bis zu $10.000), Mississippi (2 bis 5 Jahre und bis $2000), Missouri (6 Monate bis 20 Jahre), Montana (bis 5 Jahre), Nebraska (7 Tage und Teilnahme an einem *educative course on drugs*), Nevada (1-6 Jahre und bis $2000), **New *Hamp*shire** (nomen est omen!) (bis 1 Jahr und/oder bis $500), New Jersey (2 bis 15 Jahre und bis $2000), **New Mexico** (bis zu 1 Jahr und/oder $1000), **New York** (bis 1 Jahr), North Carolina (bis 2 Jahre), North Dakota ( bis 2 Jahre und/oder bis $2000), Ohio (2 bis 15 Jahre und bis $10.000), Oklahoma (bis 7 Jahre und/oder bis $5000), **Oregon** (bis $100), Pennsylvania (2 bis 5 Jahre und bis $2000), Rhode Island (bis 15 Jahre und bis $10.000), South Carolina (bis 2 Jahre und/oder bis $2000), South Dakota (bis 1 Jahr und bis $500), Tennessee (2 bis 5 Jahre, bis $500), Texas (2 Jahre bis Lebenslänglich!), Utah (mindestens 6 Monate), **Vermont** (bis 6 Monate und/oder bis $1000), **Washington** (bis 6 Monate und/oder $500), West Virginia (2 bis 5 Jahre und bis $1000), **Wisconsin** (bis 1 Jahr und/oder bis $500), Wyoming (bis 6 Monate und bis $1000).

Auf Staatenebene teilweise Tolerierung von privatem Cannabisumgang (Fettdruck)[201].

Polizei “tough”, bei Drogendelikten gnadenlos, kaum bestechlich.

**ACHTUNG: In den USA ändern sich die Zustände, vor allem auf Bundesstaatenebene, schnell. Für die aktuelle Richtigkeit der obigen Angaben kann keine Gewähr übernommen werden !**

**Hanfkulturelles:**

**Literatur:**

Thomas Coraghessan Boyle, *Grün ist die Hoffnung* (dtv)
Hendrik de Leeuw, *Flower of Joy*
Tom Wolfe, *Unter Strom* (Knaur)
William Kotzwinkle, *Fan Man* (Rowohlt)
Oscar Wilde, *Das Bildnis des Dorian Gray* (Diogenes)

**Musik:**

Fraternity of Man, *Don’t Bogart Me*
Cypress Hill, *Hits From The Bong*
Tom Jones, *Green, green grass of home*
Sweet Smoke, *Silly Sally*
Louis Armstrong, *Tea for Two*
Bob Dylan, *Rainy Day Woman*

# George Washington und der Hanf

*Was geschah mit den aufgehobenen Samen des indischen Hanfs vom letzten Sommer? Es hätte alles wieder gesät werden müssen, so daß nicht nur für meine Bedürfnisse eine genügende Menge aufgezogen worden wäre, sondern auch, um es an andere weiterzugeben, da es wertvoller ist, als gewöhnlicher Hanf.* George Washington 1776, nach Behr, 1985

Kommen wir nun zu dem Land, welchem wir das (sogenannte) Cannabis-Problem letztendlich zu verdanken ist und welches seit 1992 als der größte Marijuana-Erzeuger weltweit gilt. Die selbsternannte moralische Instanz der Menschheit des 20. Jahrhunderts, die Vereinigten Staaten von Amerika. Sprechen wir also vom Jazz, vom Rassismus, von mißglückten Prohibitionen und einem honorigen amerikanischen Beamten namens Harry Anslinger.

Lange vor alledem stand der Faserhanf, welcher vor gut 500 Jahren von den europäischen Immigranten eingeführt wurde. Die Ureinwohner ("Indianer") nahmen von der neuen Pflanze Kenntnis, ohne daß sie eine wichtige medizinische oder hedonistische Bedeutung bekommen sollte.

*Rauschmittel fanden unter nordamerikanischen Indianern prinzipiell nur zu rituellen Zwecken Anwendung und auch da waren sie den Schamanen und Medizinleuten vorbehalten, welche sich oft tagelang mental und körperlich (Meditation, Fasten) auf den Gebrauch vorbereiteten. Die Vermutung, die berühmten Friedenspfeifen hätten Rauschmittel enthalten, muß ins Reich westlicher Kifferphantasien verwiesen werden.* Andreas Haller

Lediglich bei den *Assiniboins* wurde das *sakkakomi* genannte Kraut verschiedenen Rauchmischungen zugesetzt, um den Geschmack milder zu machen. Die *Irokesen* benutzten Hanf zur psychologischen Unterstützung von Heilungsprozessen, als Rauschmittel oder in Friedenspfeifen spielte er dagegen keinerlei Rolle[202]. Bis zur (verhängnisvollen) Alkoholeinführung waren die (rituellen) indianischen Berauschungsmittel Stechapfel (*Datura stramonium*), Lobelienkraut (*Lobelia inflata*), Bauerntabak (*Nicotiana rustica*), Halluzinogene Pilze und - im Süden - der Peyote-Kaktus *Lophophora williamsii*[203] (Hopi, Navajos, Apachen)[204].

Richtig interessant war Cannabis immer nur für die imperialistischen Europäer. Die zur Kolonialisierung der südlichen Hemisphäre benötigten Schiffe

TO GEORGE WASHINGTON, LIBERATOR OF THESE UNITED STATES, FIRST PRESIDENT OF THE REPUBLIC, AND AMERICA'S FIRST SELF-ACKNOWLEDGED POT FARMER.*

*George Washington war Hanfanbauer & Genießer, he said, they say.*

verschlangen Unmengen an Fasern[205], welche die Holländer, Franzosen und Briten auf dem europäischen Markt kaum mehr beschaffen konnten. Was lag näher, als die neuen Besitztümer großflächig mit der ergiebigsten Faserpflanze der Erde zu bepflanzen. Auf königliche Dekrete hin überzog das Kraut Anfang des 17. Jahrhunderts weite Teile Neu-Englands und Neu-Amsterdams und wurde zur wichtigsten Textilfaser Amerikas. Ortschaftsnamen wie Hempfield/Pennsylvania, Hemphill/North Carolina, Hempstead/Texas, Hempstead/Long Island bezeugen die Verbreitung des Hanfanbaus im 17. und 18. Jahrhundert[206].

Die Unabhängigkeit 1792 hatte keine Auswirkung auf den Hanfbau, dem ja eine zentrale Bedeutung der amerikanischen Wirtschaft zukam. Staatsgründer George Washington schätzte die Pflanze nicht nur wegen ihrer Fasern. So wies der Präsident in diversen - der Nachwelt erhaltenen - Briefen seinen Gärtner an, Samen des *indischen* Hanfs auszusäen, da dieser Hanf wertvoller sei, als der gewöhnliche (Faser-) Hanf...[207]. Der erste Präsident der Vereinigten Staaten von Amerika ein Haschbruder?

Tatsache ist, daß Washington sein Leben lang unter höllischen Zahnschmerzen litt und Tatsache ist auch, daß die stimmungsaufhellenden, schmerzdämpfenden Eigenschaften der Pflanze schon damals bekannt waren: So bedeutet das englische Wort *hempish* ("hanfig") *aufgedreht sein*. Im 19. Jahrhundert fanden sich Hanfpräparate in jeder gut sortierten amerikanischen Hausapotheke.

> *In den 60 Jahren vor der Wiederentdeckung des Aspirins war Marihuana in Amerika das Schmerzmittel Nummer eins. Zwischen 1842 und 1900 machten Cannabispräparate die Hälfte aller verkauften Medikamente aus - damals hatte offensichtlich niemand Bedenken wegen der berauschenden Wirkung. (...) Die Cannabismengen, die im 19. Jahrhundert in den USA Kindern und Kleinkindern, Erwachsenen, gebärenden Frauen und alten Menschen an nur einem Tag verabreicht wurden, entsprachen - wenn wir die 1983 von der amerikanischen Bundesregierung genannten Zahlen zugrunde legen - oftmals einer Ein- bis Zweimonatsdosis von heutigen (durchschnittlichen bis starken) MarijuanakonsumentInnen.*
>
> Herer/Bröckers, 1993

# USA ABROAD

HELPING INFORM USA CITIZENS ABROAD

# Drug offenses lead list of charges against U.S. citizens overseas

By Karen Fawcett
Special for USA TODAY

PARIS — In the wake of the arrest and caning of an American teen-ager in Singapore, U.S. officials are telling U.S. citizens overseas to educate themselves about — and abide by — local laws in their host countries.

Michael P. Fay — an 18-year-old Ohio native living in Singapore with his mother and step-father — was arrested for vandalism and sentenced to four lashes despite protests from President Clinton. The punishment was carried out last week in a Singapore prison, where he must remain until his sentence is completed next month.

Singapore — and many U.S. citizens living in the USA and abroad — defended the harsh punishment, saying Fay should have been aware of and obeyed local laws.

U.S. officials agree, saying citizens overseas should assume anything that is a crime at home is likely to be a crime abroad.

Still, the State Department issues country advisories to inform citizens about potential threats — including legal and criminal problems — they may face while living or traveling overseas.

"We focus on the laws that have the most potential to cause people trouble, because they're things people just won't know are illegal," says Gary Sheaffer, press officer at the State Department's Bureau of Consular Affairs.

And once an American is arrested for breaking a local law abroad, there are limits to what U.S. officials and the U.S. government can do. "Don't think we're notified immediately or that we are able to get someone released from jail," says James L. Ward, consul general at the U.S. Embassy in Paris.

"All we can do is monitor that the person's human rights are being protected and that he or she is being well treated in accordance with the terms of the 1963 Vienna Convention, which has been ratified by 154 countries."

By Karen Fawcett
**WARD:** Paris diplomat says officials' hands may be tied

Even then, it isn't always easy for U.S. officials to visit citizens imprisoned abroad. Overseas, Americans — including Washington's representatives — are subject to the host country's rules.

For example, on a few occasions embassy officials in Singapore were rebuffed in their attempts to meet with Fay both before and after he was caned. The Singapore government has strict rules about the timing of such visits.

And Monday, the U.S. Supreme Court rejected an emergency petition for U.S. courts to intervene in a South Korean case involving a U.S. soldier sentenced to 15 years for killing a prostitute.

Pvt. Kenneth Markle III, 21, of Keyser, W. Va., began serving a 15-year sentence on Tuesday after he was transferred from a U.S. Army detention center to a South Korean prison.

But these types of cases are less common. By far, the greatest number of arrests of Americans involves drug charges. In 1993, 959 U.S. citizens were charged with drug offenses. The next highest number of charges was 242 for immigration offenses.

Douglas V. Ellice, 47, first secretary and consul at the Paris embassy, notes that France — along with all European Union countries — has been adopting stricter attitudes and penalties towards drug trafficking as drug problems here escalate.

## The long reach of the law

U.S. citizens living or traveling overseas are subject to the laws of their host country. The State Department's Bureau of Consular Affairs issues advisories on many countries, telling Americans about conditions — and laws — that might affect them during their stays overseas. Officials warn that the U.S. government cannot free an American once he or she is arrested and incarcerated. But U.S. diplomats may be able to help ensure a citizen's rights are not violated and he or she is not mistreated while in custody.

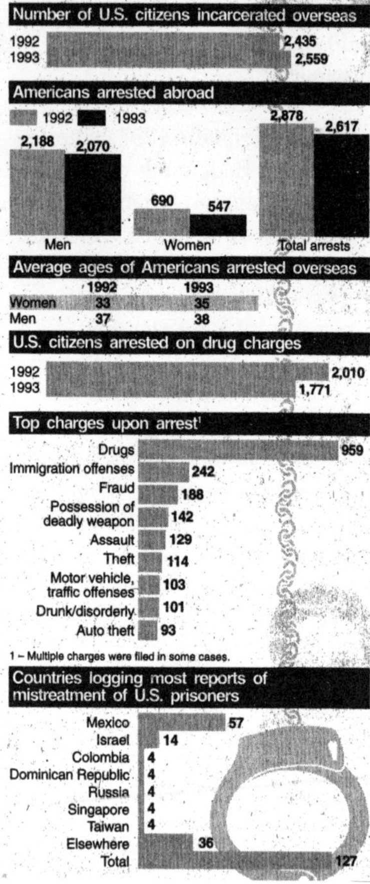


*Quelle; USA Today, May 18th, '94.*

# Niggerweed

*Also bye bye, Liebste, ich werde dich aufgeben müssen!*
"Uncle Setchmo" Louis Armstrong, der sich zu täglichem Marijuana-Konsum bekannte; nach Jones/Chilton, 1971

Kiffen war ausschließlich eine Angelegenheit der schwarzen Sklaven, die sich, aufgrund des ihnen auferlegten Tabakverbots, mit dem in den Südstaaten überall wild wachsenden Hanfkraut behalfen. "Niggerweed" hieß es ab Mitte des 19. Jahrhunderts in der feinen weißen Gesellschaft, aus der sich in jenen Tagen die puritanische Bewegung zu formieren begann. Ihr erklärtes Ziel war es, das durch und durch versoffene Land trocken zu legen, und der Kampf gegen die Trunksucht gipfelte in der 1919 ausgesprochenen Alkoholprohibition.

Manche Kneipen machten zu, die allermeisten wichen jedoch in die Illegalität aus. *Bootlegging* (illegaler Ausschank) in *speakeasies* (illegale Kneipen) waren plötzlich die Schlagworte der amerikanischen Öffentlichkeit. Wer es sich irgendwie leisten konnte soff weiter und erblindete zuweilen an dem in Badewannen schwarz hergestellten Fusel. Die Mafia nahm sich des Geschäftes an und erlangte innerhalb weniger Jahren unermeßliche Macht und Reichtum[208].

Ärmere Schichten (Schwarze und Latinos) hatten da (ausnahmsweise) mehr Glück. Sie konnten sich den teuren Schwarzmarktalkohol kaum leisten und lernten daher die milde Berauschung des immer noch überall wachsenden Hanfs (wieder) kennen und schätzen.

Anfang der zwanziger Jahre breitete sich der aus dem schwarzen Blues kommende Jazz unter der farbigen unterprivilegierten Bevölkerung Amerikas rasant aus.

In Künstlerkreisen galt Hanf als Treibmittel musikalischer Inspiration; der *reefer* (Gras-Joint) war treuer Begleiter aller Jazz-Größen dieser Jahre.

Obwohl der Jazz und alles was damit zusammenhing von Anfang an in der Öffentlichkeit ausgiebigst verteufelt wurde, zog er auch immer größere Teile der weißen Bevölkerung in seinen Bann. Vor allem diejenigen, die sich auf der Suche nach Alkohol in Jazz-Clubs "verirrten" und daraufhin langsam ihre Abneigung gegen Schwarze und deren Musik verloren.

Die Folge war (aus heutiger Sicht) paradox: Weiße (kriminelle) Säufer verehrten die Musik von (legal) bekifften Schwarzen[209].

## Where most were arrested, held in 1993[2]

| | Arrested | In custody | | Arrested | In custody |
|---|---|---|---|---|---|
| Antigua & Barbuda | 11 | 23 | Ireland | 11 | 10 |
| Australia | 24 | 57 | Israel | 73 | 86 |
| Austria | 12 | 21 | Italy | 6 | 46 |
| Bahamas | 88 | 29 | Jamaica | 395 | 111 |
| Barbados | 11 | 20 | Japan | 55 | 54 |
| Belgium | 5 | 11 | Mexico | 766 | 429 |
| Belize | 34 | 21 | Netherlands | 19 | 36 |
| Bermuda | 5 | 24 | Neth. Antilles | 34 | 21 |
| Bolivia | 5 | 10 | New Zealand | 12 | 10 |
| Brazil | 11 | 27 | Nigeria | 2 | 10 |
| Canada | 133 | 189 | Panama | 15 | 34 |
| Colombia | 29 | 40 | Peru | 5 | 35 |
| Costa Rica | 6 | 22 | Philippines | 34 | 46 |
| Cuba | 10 | 11 | Saudi Arabia | 26 | 11 |
| Denmark | 8 | 10 | South Africa | 10 | 17 |
| Dominican Rep. | 65 | 79 | South Korea | 5 | 25 |
| Ecuador | 15 | 34 | Spain | 26 | 58 |
| Egypt | 13 | 8 | Sweden | 12 | 12 |
| France | 15 | 39 | Switzerland | 22 | 40 |
| Germany | 144 | 225 | Taiwan | 14 | 12 |
| Greece | 27 | 37 | Thailand | 33 | 71 |
| Guatemala | 15 | 16 | Trinidad & Tobago | 7 | 27 |
| Honduras | 14 | 8 | U.A.E. | 17 | 11 |
| Hong Kong | 13 | 11 | United Kingdom | 77 | 106 |
| India | 15 | 16 | Venezuela | 23 | 50 |

2– U.S. citizens in custody may have been arrested before 1993
Source: U.S. Department of State, Bureau of Consular Affairs

By Julie Stacey, USA TODAY

# Ignorance is no excuse: Bone up on laws abroad

The State Department's Bureau of Consular Affairs has issed advice to U.S. citizens living or traveling abroad:

▶ It's your responsibility to know and understand the laws of a foreign country. You are subject to the laws while you're there. Pleading ignorance is no excuse.

▶ Once you leave the USA, you are not protected by the U.S. government or its judicial system. The local U.S. consular officer cannot obtain your release from prison or jail.

▶ Marijuana is illegal almost everywhere in the world. You can jailed for possession of an ounce or less.

▶ No matter how innocent seeming, do not carry a package for someone else unless you are completely sure of its contents. If it is an illegal substance, you'll go to jail.

For more information about a particular country, access the State Department's travel advisory service.

Check with the nearest embassy or consulate, which should have up-to-date information on conditions in the host country and may also have advisories on other countries.

You also can get information by calling:

▶ 202-647-5225 for recordings of the advisories.

▶ 202-647-3000 from your fax phone for fax on demand.

▶ 202-647-9225 to access the computer bulletin board, which provides access to State Department advisories.

*Quelle; USA Today, May 18th, '94.*

# Kampf dem Hanf

*Hier haben wir eine Droge, die nicht wie Opium ist. Opium hat alles Gute von Dr. Jekyll und alles Böse von Mr. Hyde. Diese Droge ist ganz das Monster Hyde, dessen schädlichen Auswirkungen nicht ermessen werden können...*

Harry J. Anslinger, Amerikas langjähriger oberster Marijuana-Fahnder

Um 1930 wurde von dem Holz- und Zeitungskonzern Hearst, sowie dem Chemieriesen Dupont eine beispiellose Kampagne gegen das Cannabis, welches Holz und Erdöl ersetzen konnte, gestartet. Sie fanden in Harry Anslinger, dem fanatischen obersten Drogenfahnder New Yorks, den perfekten Erfüllungsgehilfen im Kampf gegen das geschäftsgefährdende Kraut.

Hearsts auflagegeile Boulevard-Gazetten dienten als Forum für diese Kampagne. Die Blätter überschlugen sich plötzlich mit Meldungen über den -jetzt kriminell mexikanisch klingenden- *marijuana* genannten Hanf. Das Kraut solle Herzerkrankungen und Impotenz hervorrufen, vor allem aber seine Raucher zu "*bestialischen Dämonen, voll irrer Lust zu töten....*[210] machen.

Daß es besonders Schwarze waren, die kifften, gab der ganzen Kampagne ihren widerwärtig-rassistischen Beigeschmack, und innerhalb weniger Jahre wurde aus dem seit Jahrtausenden geschätzten Hanf ein *killer weed*, ein Mörderkraut. Seine Heimat waren nicht mehr die nordamerikanische Weiten, sondern das Ghetto, sein Freund kein amerikanischer Farmer, Asthmatiker oder Schiffsbesitzer, sondern Neger, schwul und Kommunist. Die Pot-Hysterie gipfelte schließlich in dem von Präsident Roosevelt am 1. September 1937 unterzeichneten *Marijuana Tax Act*, dem de facto Hanf-Verbot.

*But I would not feel so all alone everybody must get stoned* Bob Dylan

*It is in the world interest that the narcotic traffic be curbed. Drugs pollute the minds and bodies of our young, bring misery, violence and human economic waste.*
*This scourge of drugs can be eliminated through international co-operation.* Richard Nixon, nach Beke-Bramkamp

**Hinweis:**
**Die Geschichte vom obersten Hanfjäger "Dirty Harry" Anslinger und dem US-amerikanischen Hanf-Verbot wird im neuen HANF HANDBUCH von Hainer Hai und Ronald Rippchen (WERNER PIEPER'S MEDIENEXPERIMENTE) detailliert dargestellt.**

Die seit der Aufhebung des Alkoholverbots (1933 wegen Undurchführbarkeit!!) arbeitslosen Rauschgift-Fahnder konnten endlich wieder ihrer Arbeit nachgehen und obwohl auch die Strafen, selbst für Kleinstmengen Hanf, absolut brutal waren (bis zu 30 Jahre Zuchthaus), konnten sie den Siegeszug des Pots doch nicht aufhalten:

Neben der Jazz-Szene beschwingten sich auch die Größen des Swings und Hollywoods mit Hanf. Louis Armstrong bekannte sich zu täglichem Konsum, Benny Goodman träumte von *Sweet Georgia Brown* [211], und selbst die Kinohelden Robert Mitchum und Errol Flynn wurden wegen Marijuanabesitzes verhaftet (und sehr schnell wieder laufen gelassen).

## Hanf-Dampf in allen Gassen

Bald waren es Millionen, die Pot mochten, und endlich kam ein John F. Kennedy, der sich selbst zu gelegentlichem Marijuanagenuß bekannte, Lockerung der drakonischen Gesetze versprach[212], und -wen wundert's- in der Subkultur der Hanfraucher große Anerkennung fand.

Doch ehe er seine Versprechen einlösen konnte, fielen in Dallas die Schüsse und dann ging es Schlag auf Schlag: Schweinebucht, Vietnam, Flower-Power, die Sexwelle, der (leider nur kurzfristige) Aufbruch in eine bessere Welt. Marijuana wurde zum Rauschmittel der Protestbewegung und fand breiten Einzug in das Establishment, besonders der wohlbehütete (weiße) Nachwuchs an Amerikas Eliteschulen entdeckte den Pot.

Der große Timothy Leary wurde wegen Grasbesitz noch 1966 medienwirksam zu 30 Jahren Haft verurteilt, doch "Hanf-Dampf" war längst in allen Gassen. Das "nigger weed" von einst war zum Kraut der ehemaligen Sklaventreiber, respektive deren Enkel und Urenkel geworden.

Richard Nixon, im Januar 1969 an die Macht gekommener Republikaner und aufgrund vollmundiger Wahlversprechen ("Law and Order") der vietnam-traumatisierten und hippie-geschockten amerikanischen Öffentlichkeit gegenüber im Zugzwang, erklärte am 24.10.1969 den ersten *War on Drugs*.
*"Dieser Krieg sollte nicht nur von den immer unlösbarer erscheinenden Problemen in Vietnam ablenken und die Aktionsbereitschaft und Effizienz der neugewählten Administration beweisen, sondern Nixon gab dem Thema der Dro-*

*genpolitik eine neue Dimension, indem er es eng mit Fragen der inneren und äußeren Sicherheit zu verknüpfen begann"*[213].

Der dem Präsidenten im März 1973 vorgelegte Bericht der *National Commission on Marijuana Laws and Drug Abuse*, in dem die Entkriminalisierung des Konsums und Besitzes der Hanfdrogen empfohlen wurde, verschwand sehr schnell in irgendeiner Schublade. Nixon und seine Administration griffen lieber zurück auf die altbewährten maß- und haltlosen Geschichten der Anslinger-Ära, obwohl mittlerweile wenigstens einige Bundesstaaten ihre Gesetze liberalisierten. So in Alaska, wo seit 1975 der Anbau und Besitz zu Eigenzwecken gestattet ist, oder in Kalifornien (1976). Den Anfang machte 1973 jedoch Oregon, und bis 1982 waren es insgesamt 12 Staaten, die sich auf Wichtigeres besannen, als Kiffer zu jagen[214]. Die Staaten des amerikanischen Südens (Texas..) blieben dagegen der Linie Anslingers treu, der übrigens im Jahre 1975 blind und verkalkt das Zeitliche segnete[215].

> *Die Strafen für den Besitz einer Droge sollten für den einzelnen nicht schädlicher sein als der Gebrauch der Droge selbst. (...) Die National Commission on Marihuana and Drugs Abuse kam vor fünf Jahren zu dem Schluß, daß der Gebrauch von Marijuana entkriminalisiert werden sollte, und ich meine, es sei an der Zeit, diese grundlegenden Empfehlungen auszuführen.*
> Jimmy Carter

Ende der Siebziger Jahre hatten 44 Millionen US-AmerikanerInnen Erfahrungen mit Cannabis gesammelt und fast 17 Millionen rauchten regelmäßig Pot. Trügerische Stille umgab das Kraut[216].

Die aus der wirtschaftlichen Inkompetenz der Reagan-Administration resultierende Verarmung breiter Gesellschaftsschichten mußte durch abermaligen Aufbau von Feindbildern verschleiert werden. Der Einfachheit halber wurde auf Altbewährtes zurückgegriffen: außenpolitisch die Kommunisten und im Inneren das Verbrechen. Reagan erklärte dem Rauschgift den totalen Krieg (wären da nur nicht die Verstrickungen des drogen- und waffenschiebenden Generals Oliver Norths und der CIA...).

> *In Florida wird die Eignung von Marihuana zur Stromerzeugung getestet. Es handelt sich ausschließlich um Rauschgift, das vom Zoll beschlagnahmt worden ist. Allein im letzten Jahr waren es 462 Tonnen.*
> Süddeutsche Zeitung, 29. Januar 1981

> *Minnie Hall, 82jährige Angeklagte, bekannte sich vor Richter Ken Porter in Sevierville (US-Bundesstaat Tennessee) schuldig, mit Marihuana gehandelt zu haben, versicherte jedoch, sie werde es ganz bestimmt nicht wieder*

*tun, weil ihre Mutter sie bereits ausgeschimpft habe. Mama ist 98. Richter Porter verlangte von der reuigen Sünderin, sich zu Hause zu entschuldigen und 250 Dollar Strafe zu zahlen.*
Süddeutsche Zeitung, 21. Oktober 1981

*Drogenvergehen: 6,5 Jahre*
*Sexualvergehen: 5,8 Jahre*
*Totschlag: 3,6 Jahre*
*Überfall: 3,2 Jahre*
Durchschnittlich in den USA verhängte Strafen im Jahr 1990, nach Hai/Rippchen, 1994

Harry Anslinger hätte seine Freude gehabt. Armee und Polizei spürten in Lufteinsätzen die immer häufiger werdenden Felder auf und rupften sich quer durch die Vereinigten Staaten. 1983 zerstörten sie auf diese Weise immerhin 70.572 Plantagen mit über 4 Millionen Cannabispflanzen[217], und 1991 wurde die Zahl sogar auf unglaubliche 118,5 Millionen Hanfstauden hochgeschraubt[218].

US-Berater unterstützten überdies korrupte lateinamerikanische Regierungen bei der Zerstörung von Cannabisplantagen, während in den Ghettos der amerikanischen Großstädte eine nie erlebte Drogenwelle einsetzte. Als die Amtszeit Ronald Reagans zu Ende ging, gab es in den Vereinigten Staaten mehr Drogen und Drogentote als je zuvor.

Dann erbte Reagans Vize George Bush den Stuhl im Weißen Haus und führte nicht nur das fort, was bei seinem Vorgänger schon nicht funktioniert hatte, sondern die nun einsetzenden staatlichen Repressionen trafen - neben den Anbaustaaten - auch vermehrt die kleinen Kiffer. Öffentliche Bedienstete mußten sich Urin-Tests unterziehen und bei positivem Befund mit Rausschmiß rechnen; allein bei der US-Army wurden von 1983 bis 1985 über 60 000 Angehörige 'unehrenhaft' entlassen[219].
Die Gefängnisse quollen über, allein 1988 wurde in den USA 324.000 Haftstrafen wegen Marijuanabesitzes ausgesprochen (und nebenbei 651,5 Tonnen Hanf beschlagnahmt)[220].

Nach der Wahl Bill Clintons zum Präsidenten keimte erneute Hoffnung in der aufgescheuchten amerikanischen und weltweiten Kifferszene. Vize Al Gore hat Jack Herers Buch gelesen und Clinton hatte in seiner Studentenzeit sogar mal an einem Joint genuckelt (aber *"nicht inhaliert"*, wie er stets betont).

Nichtsdestotrotz ist Bill ein ausgeprägter Gegner illegaler Drogen, und somit auch ein Hanffeind. Negativ vorbelastet ist er außerdem durch die Probleme, die sein Bruder mit Drogen hat(te). Durch seine Pressesprecherin ließ er verlautbaren, daß er strikt gegen jede Legalisierung ist und sich weigere, dieser Frage überhaupt nachzugehen[221].

> *Tennis-Olympiasiegerin Jennifer Capriati (USA) ist in Coral Gables/Florida wegen Marihuana-Besitzes vorübergehend in polizeilichen Gewahrsam genommen worden. Bei einer Durchsuchung des Hotelzimmers der 18jährigen entdeckte die Polizei eine nicht näher bestimmte Menge der Droge. Wenige Stunden nach ihrer Verhaftung wurde Capriati, (...), wieder entlassen. Ob Anklage erhoben wird, ist noch offen. Möglich scheint auch ein Bußgeld wegen einer Ordnungswidrigkeit.*
>
> Stuttgarter Zeitung, 18. Mai 1994

Mediziner und Kliniken fordern vermehrt die Zulassung von Cannabis zur Behandlung von Epilepsie, Glaukom (Grünem Star) und Antiemesie (Verhinderung von Übelkeit und Erbrechen besonders bei Krebspatienten unter Chemotherapie) und in 500 amerikanischen Krankenhäusern darf THC inzwischen verordnet werden. In 23 Staaten liegt der Einsatz des Marijuana-Wirkstoffs im Ermessen des behandelnden Arztes[222].
Darüber hinaus weigerten sich 1993 mindestens 50 Bundesrichter, Strafverfahren wegen Drogenbesitz einzuleiten[223].

Nach neuesten Untersuchungen sind es inzwischen fast 68 Millionen Amerikaner, die mit Cannabis Erfahrungen gemacht haben. Über 8 Millionen rauchen täglich oder zumindest wöchentlich. In allen Bundesstaaten wird angebaut. Besonders verbreitet ist Hanf an der *west coast* in Oregon und Kalifornien. In Kentucky, Illinois, Virginia, Arkansas, Missouri und Hawaii, wo den Zuckerrohranbau das Schicksal des kalifornischen Weins ereilte und vom Hanf als wichtigstes Agrargut verdrängt wurde. Amerikanische Pot-Farmer kommen aus verschiedenen Gesellschaftsschichten. Mal sind es Kleinbauern in Existenznot, denen Gras das Überleben sichert, mal im Grünen lebende Ökopaxen, Kommunarden, vom *big business* träumende Freaks und andere liebenswerte Chaoten[224].
Die einzelnen Felder sind - aus Tarnungsgründen - klein und fein. Nur im Süden finden sich regelrechte Plantagen (z.B. im Daniel Boone National Forest in Kentucky)[225]. Auf dem hart umkämpften US-Hanfmarkt entscheidet die Qualität: Eine gute Sinsemilla-Pflanze bringt schon an die 1.000 $ ein, schlechte Ware ist kaum abzusetzen.

Die Keimung der Samen erfolgt unter Neonlicht, im April werden die jungen Pflanzen ins Freie gesetzt und oft künstlich bewässert. Zur Aufzucht von samenlosem Gras sind die Farmer bestrebt, die männlichen Pflanzen so früh wie möglich auszusondern; diese Abfälle, sowie Reste von beschnittenen Pflanzen tauchen hin und wieder als billige und minderwertige *shakes* auf dem Markt auf. Geerntet wird je nach Reifegrad von September bis November, ...sofern nicht die Polizei zuvorkommt.

Vermehrt wird Cannabis *indoor* unter Kunstlicht und in Hydrokulturen gezogen. Der durchschnittliche Gehalt an D-9-THC ist dabei von 8,4 Prozent (1986) auf 11,5 Prozent (1991) angestiegen. Der War-On-Drugs in den lateinamerikanischen Anbauländern war ein Segen für die einheimische Marijuana-Industrie. Sie gehört mittlerweile zu den wichtigsten Agrarbereichen überhaupt. Der Wert der amerikanischen Hanfernte wird auf etwa 3 Milliarden US$ geschätzt und liegt mit dem Tabak zusammen etwa an sechster Stelle der landwirtschaftlichen Produktion[226].
Die Vereinigten Staaten sind auf dem besten Wege zur Hanf-Autarkie[227].

# Europa

**Namen:**
*hemp, marijuana, grass, hashish* (englisch)
*cannabis* (lateinisch), *chanvre* (französisch), *canamo* (spanisch), *canhamo* (portugiesisch), *canape, cannacoro* (italienisch)
*Konopli, penka, anascha* (russisch), *ziele konopi, penek* (polnisch), *canep* (albanisch), *kenvir* (bulgarisch)
*Hennup* (niederländisch), *kemp* (flämisch), *hamp* (schwedisch), *hampa* (dänisch, norwegisch)
*Mavron, hasisi, kannabis* (griechisch), *füve* (ungarisch)
*Hanf, Gras*(s), *Marijuana, Haschisch, Knaster, Kraut, Femmel, Fimmel, Mästel, Bästling* (deutsch)[228]

**Anwendungen:**
Traditionell: Volksmedizin, Tabakersatz, Faser-, Öllieferant
Heute: Verbreitetes Rauschmittel

**Anbaugebiete:**
Privatanbau (Freiland, Gärten, Wohnungen) verbreitet.
Niederlande: Marijuanaproduzierende Industrie.
Spanien, Frankreich, England (Versuchsplantagen mit THC-armen Sorten).
Marijuanaanbau rund ums Mittelmeer (Kroatien, Griechenland).
Faserhanf/Wilder Hanf: Osteuropa (Ungarn, Polen, Rumänien).

**Rechtliche Situation/Sicherheit:**
Alle westeuropäische Staaten sind Unterzeichner der Single Convention.
Die meisten Länder Osteuropas haben die Single Convention nie unterschrieben. Hanfanbau (auch THC-haltiger) ist legal!

**Land** (Eigenbedarf / Handel) :

**Belgien** (bis 3 Monate / 3 Monate bis 10 Jahre)
**Dänemark** (straffrei bis 2 Monate / bis 2 Jahre)
**Großbritannien** (straffrei bis 5 Jahre / 1 bis 10 Jahre)
**Deutschland** (straffrei bis 4 Jahre / 1 bis 15 Jahre)
**Italien** (geringe Menge: bis 30 Gramm Cannabis, straffrei bis 4 Jahre / 2 bis 6 Jahre)
**Niederlande** (geringe Menge: 30 Gramm Cannabis, straffrei bis 1 Monat / bis 4 Jahre)
**Norwegen** (straffrei bis 2 Jahre / bis 10 Jahre)

*Hanf Phantasien Anfang des Jahrhunderts.*

**Österreich** (straffrei bis 6 Monate / bis 5 Jahre)
**Spanien** (geringe Menge: 30 bis 40 Gramm, straffrei bis 50 Monate / 10 - 17 Jahre)
**Schweiz** (straffrei bis 4 Monate / 3 Tage bis 3 Jahre)
**Griechenland** (1 bis 10 Jahre)
**Polen** (Drogenbesitz zum Eigenverbrauch straffrei)

Zusätzlich oder ersatzweise Geldstrafen sind überall möglich[229].
Der Cannabiserwerb und Besitz zum Eigenverbrauch in allen Ländern der EU
*privilegiert*, d.h. von Strafe kann überall abgesehen werden.

**Hanfkulturelles:**
**Literatur:**
Charles Baudelaire, *Le poème du hachich*
Théophile Gautier, *Le Club des Hachichins*
Gérard de Nerval, *Le Voyge en l'Orient*
**Musik**:
Verschiedene Interpreten, *Greek-Oriental Rebetica-The Golden Years: 1911-1937*
Prosechós, *Salto Orientale*
Hans Söllner, *Marijuhana für'n Herrn Zimmermann*
Witthüser&Westrupp, *Trips und Träume*
Small Faces: *Odgens Nut Gone Flake*

# Ignorant, unehrlich und korrupt

*Wer über gewisse Dinge den Verstand nicht verliert, der hat keinen zu verlieren.*
G.E. Lessing

Selbst in der europäischen Hanfpolitik des späten 20. Jahrhunderts ist noch die Handschrift des Harry Anslingers zu lesen. Allen voran natürlich bei den Deutschen und Österreichern, aber auch Großbritannien und Frankreich stellen de juro Cannabis mit dem Heroin auf eine Stufe.
Gleichwohl ist der Hanfkonsum in allen Staaten der Europäischen Union als Freizeitvergnügen so weit verbreitet (vorsichtige Schätzungen gehen zur Zeit von 15 Millionen Kiffern aus)[300], daß selbst in Polizeikreisen der Status Quo der Prohibition mittlerweile umstritten ist. So liest man in einem SPIEGEL-Interview[231] vom Stuttgarter Polizeipräsidenten Haas doch einigermaßen Überraschendes: "*Tatsache ist: jeder kann heute weiche Drogen kaufen, wenn er sie*

*kaufen will. Einen zwangsläufigen Umstieg von Haschisch auf Heroin gibt es nicht und Haschisch macht auch nicht psychisch abhängig. Besondere staatliche Maßnahmen im Interesse der Volksgesundheit sind nicht angezeigt.*" Erstauffällige Cannabis-Kleindeliquenten wandern in den meisten Staaten Europas nicht mehr in den Knast. Es drohen überwiegend Geldstrafen.
Daß die einschlägigen Gesetze noch nicht geändert wurden, ist unverständlich. Das "Modell Niederlande" (auf welches noch gesondert eingegangen werden soll) hat sich bewährt.

Sogar die deutsche Öffentlichkeit reagiert auf das sogenannte Cannabis-Problem zunehmend rechtskritisch-fair, so auch das Magazin des Hamburger Verlegers Augstein, der vor ein paar Jahren - selbst auf Reisen - an der italienischen Grenze mit Hanf erwischt wurde.
Das liberale Blatt DIE ZEIT betitelt ihr gleichnamiges "Dokument" vom 28.2.1992 mit "*Haschisch Legalisieren!*". Es tut sich selbst beim deutschen Michel was. Nur nicht bei den Herrschenden. Politisch Interessierten stellt sich da fast zwangsläufig die Frage: *Wissen* es die Herren nicht besser? *Wollen* sie es nicht besser wissen? Oder *sollen* sie es nicht besser wissen? Im ersten Fall wären unsere Entscheidungsträger ignorant, im zweiten unehrlich und im letzten korrupt. Auch in diesem Punkt wird die Geschichte wohl noch Einiges ans Tageslicht bringen...
Nach dem Entscheid des Bundesverfassungsgerichts (Az: 2BvL 43/92) vom 09. März 1994 soll in **Deutschland** der Erwerb, Besitz (Anbau?!) und die Einfuhr von Cannabis zum Eigenbedarf zwar nicht legal werden, so doch straffrei bleiben.

*Es ist eine Forderung der Natur, daß der Mensch mitunter betäubt werde ohne zu schlafen.* Johann Wolfgang Goethe

*Das Bundesverfassungsgericht hat mit einem klaren Jein den Cannabis-Konsum entkriminalisiert.* *taz*, 29. April 1994

*Jetzt haben wir es also höchstrichterlich: Wer Haschisch raucht, tut es, weil er einen Rausch bekommen möchte, bei Alkohol gibt es dagegen viele 'Verwendungsmöglichkeiten'.* Frankfurter Rundschau, 29. April 1994

*Es gibt viel zu tun - pflanzen wir's an!* Mathias Bröckers

*Die Hanfanbauerlaubnis erteilt in Deutschland im Prinzip das* ***Bundesgesundheitsamt****, genauer die dort angesiedelte* ***Bundesopiumstelle, Genthiner Straße 38, 10785 Berlin****. Laut § 29 Absatz 1, Ziffer 1 BtmG kann diese Stelle den Anbau von Hanf unter besonderen Umständen (Forschung) erlauben.*

**Straffreier Hanfbesitz in Deutschland**

**(Stand: Juni 1994)**

***Baden Württemberg:*** *8 Gramm Cannabis*
***Bayern:*** *1 Gramm Cannabis*
***Brandenburg:*** *6 Gramm Cannabis*
***Berlin:*** *5 Gramm Cannabis*
***Bremen:*** *10 Gramm Cannabis*
***Hamburg:*** *1 Streichholzschachtel voll Cannabis*
***Hessen:*** *30 Gramm Cannabis*
***Mecklenburg-Vorpommern:*** *0 Gramm*
***Niedersachsen:*** *10 Gramm Cannabis*
***Nordrhein-Westfalen:*** *10 Gramm Cannabis*
***Rheinland-Pfalz:*** *20 Gramm Haschisch, 99 Gramm Marijuana*
***Saarland:*** *10 Gramm Cannabis*
***Sachsen:*** *20 Gramm Cannabis*
***Sachsen-Anhalt:*** *0 Gramm*
***Schleswig-Holstein:*** *30 Gramm Cannabis*
***Thüringen:*** *0 Gramm*
(HAI/RIPPCHEN 1994, PRINZ 6/94)

**Anmerkung:**
**Der Besitz von Hanf ist in Deutschland nach wie vor verboten. Bei den genannten Mengen werden lediglich die Verfahren eingestellt: Weiterhin wird das Cannabis beschlagnahmt und Anzeige erstattet.**

**(Alle Angaben ohne Gewähr)**

In Mitteleuropa findet, mit wenigen Ausnahmen, kein großflächiger Freiland-Hanfanbau zur Rauschmittelgewinnung statt. Dies liegt an den (hinlänglich bekannten) klimatischen Bedingungen in weiten Teilen Mittel- und Nordeuropas, vor allem aber an der hohen Bevölkerungs- und Überwachungsdichte.

Privater Hanfanbau erfreut sich dagegen einer stets größer werdenden Beliebtheit. Botanisch Interessierte stoßen auf ihren Exkursionen in der heimischen Natur immer wieder auf Exemplare der Gattung Cannabis, deren Verjüngungsschnitte und sonstigen Pflegemaßnahmen (Schneckenfallen, Pferdemist, Tarnung) eine eindeutige Sprache sprechen. Hin und wieder liest man auch von jätenden Polizeibeamten, die Besitzer der Pflanzen werden jedoch nur in den seltensten Fällen ertappt und wenn doch, dann ist der THC-Gehalt meist so gering, daß der Tatbestand einer *geringen Menge zum Eigenbedarf* gegeben ist und von einer Bestrafung abgesehen werden soll[232].

> *Für fünf Teilnehmer endete der Betriebsausflug des Frankfurter Rauschgiftkommissariats dieser Tage im Krankenhaus. Mach dem Genuß von Backwerk, mit dem die Beamten ohne ihr Wissen zugleich Haschisch konsumiert hatten, mußten die Kriminalpolizisten an Vergiftungserscheinungen behandelt werden. In zwei Fällen befanden sich die Beamten sogar vorübergehend in Lebensgefahr. Gegen den Bäcker, einen Kollegen aus dem Kommissariat, ermittelt die Limburger Staatsanwaltschaft. Deren Leiter Alfred Gerber zur FR: "Ein makabrer Scherz."*
> *Nach bisherigen Ermittlungen waren in den Teig 300 Gramm Haschisch gerührt. Der Bäcker hatte sie aus einer kurz vorher sichergestellten Gesamtmenge von 30 Kilogramm entnommen und als Zutat für den Kuchen nach einem Rezept aus dem 'Haschkochbuch' verwendet.*
> *Der 'Haschisch-Bäcker' wurde inzwischen vom Dienst suspendiert.*
>
> Frankfurter Rundschau, 2. Juli 1981

Im gesamten Osteuropa[233] (außer in der Ex-DDR) ist die Pflanze wegen ihrer vielseitigen Anwendung auch heute noch vollkommen legal und wird großflächig angepflanzt. Die führende Rolle nahmen 1991 **Rußland** (58.000 Hektar offizielle Anbaufläche) und **Rumänien** (46.000 Hektar) ein[234].

Überall auf dem Balkan ist zudem wilder Hanf ausgesprochen häufig. Dieser wurde über die natürliche Verbreitung (Vogelkot) von den Feldern verschleppt und wächst wie Unkraut an Wegen, Waldrändern, Seen und Flußläufen. Auf große Flächen des Donau-Deltas wächst beispielsweise nichts anderes als Cannabis.
Wild-Hanf vom Balkan turnt jedoch nicht, die Bevölkerung vor Ort schenkt ihm auch keinerlei Beachtung.

Aus **Ungarn** und der **Tschechischen Republik** wird von steigendem Cannabisverbrauch berichtet. Obwohl beide Staaten im Drogentransit eine wichtige Rolle spielen, wird der inländische Bedarf in erster Linie aus dem westlichen Europa (Amsterdam, Österreich) gedeckt[235].

**Polen**, mittlerweile zur wichtigen Drehscheibe im internationalen Narko-Business "aufgestiegen", läßt den Anbau und Besitz von Haschisch (und auch Mohn/Opium) zum Eigenbedarf straffrei zu. Das wirkstoffarme - *ziele konopi* genannte - Gras wächst in vielen Gärten und Hinterhöfen neben Tomaten und Kartoffeln.

Auf den **kroatischen** Adriainseln, in Dalmatien und **Bosnien** wird rege Hanf angebaut. Erstaunlich potentes, kroatisches Marijuana kostet auf dem Schwarzmarkt zur Zeit 2 Mark pro Gramm. Das Kiffen ist weit verbreitet, auch bei den Beteiligten des Bürgerkriegs[236].

> *Das gute Gras, das ich zunächst für kroatisch gehalten habe, kommt tatsächlich aus Bosnien. Es kostet ungefähr 2 Mark das Gramm und wird fermentiert, ohne Stiele und Samen verkauft. Ob das auch für Friedenszeiten gilt, kann ich nicht sagen.*
> *Im Moment versuchen sie in Bosnien mit allem Möglichen, ein paar Mark zu machen. Die Staatsorgane sind anderweitig beschäftigt, für Hanf interessieren sie sich jedenfalls nicht.* (Andreas "Stadler" Haller)

*Eine Hanfdemo in Warschau Anfang 1992. Auch dort versucht die katholische Kirche, Visionen monopolistisch ihren angestellten Priestern zu überlassen.*

In **Griechenland** ist der Genuß von Haschisch wegen der geographischen Nähe zum Orient schon seit der Antike bekannt (erste Belege in Herodotus, 4. Buch, 450 v. Ch). Obwohl (oder gerade weil) die Gesetze streng sind (bis zu 10 Jahre Zuchthaus) und griechische Zuchthäuser als mittelalterlich gelten, ist privater Cannabisanbau in dem klimatisch begünstigten Land verbreitet[237]. Griechische Kiffer sind extrem öffentlichkeitsscheu. Der touristischen Laissez-faire-Stimmung auf den Ferieninseln Korfu oder Thassos steht eine übervorsichtige Geheimniskrämerei auf dem Festland gegenüber.

**Italien** und **Spanien** bestrafen den Cannabisbesitz zum Eigenbedarf nicht mehr. Das Haschischrauchen ist besonders auf der iberischen Halbinsel traditionell sehr verbreitet und gesellschaftlich auch akzeptiert[238]. In den einschlägig bekannten Urlaubsorten wird marokkanisches Haschisch wie Sauerbier angeboten.
Hanf wird in Spanien aber auch legal angebaut: Zur Papierproduktion wuchs er 1993 auf 6,5 Quadratkilometern.

**Dänemark** hat seine Polizeidienststellen angewiesen, auf den Besitz zum Eigenverbrauch nur noch mit Verwarnungen zu reagieren. Die Maximalstrafe für Haschischhandel sind 2 Jahre Freiheitsstrafe. Im umstrittenen Freistaat *Christiania*, in einer ehemaligen Kopenhagener Marinekaserne gelegen, wird offener Cannabishandel geduldet. Harte Drogen sind hier absolut tabu und nicht zu finden. In der Praxis werden im liberalen Dänemark Kiffer nicht mehr belangt[239].

Ähnlich liberal sind **Island** und **Finnland**, im Unterschied zu den skandinavischen Nachbarn **Norwegen** und **Schweden**[240].

In **England** (600 ha legaler Papierhanfanbau) werden erstmalige Bagatelldelikte ohne Gerichtsverfahren mit einer Strafe von durchschnittlich 50 Pfund geahndet, entsprechende Anweisung ergingen bereits in **Wales** und **Schottland** an die Polizeidienststellen[241].

Etwa 200.000 Menschen konsumieren in **Österreich** Cannabis. Nach dem Willen der österreichischen Ministerin für Gesundheit und Justiz, soll noch 1994 die Entkriminalisierung des Cannabis-Besitzes zum Eigenbedarf (bis 20 Gramm) durchgeführt werden.

*In der Schweiz wurde 1993 in einem Anbauversuch Hanf erprobt und die Ertragsleistung sowie die Gehalte psychotrop wirksamer Substanzen untersucht...* Der Schweizer Bauer, Nr. 101, 148. Jahrgang

In der **Schweiz** rauchen 500.000 bis 800.000 Menschen Cannabis[242]. Das sind beachtenswerte 7,5 bis 11,5 Prozent der Gesamtbevölkerung. Man kann die Schweiz als ein echtes Kifferland bezeichnen. Im deutschsprachigen Teil des Landes wird privater Cannabisumgang praktisch nicht mehr verfolgt[243], in Kneipen und Jugendhäusern wird offen gekifft.
Das Schweizerische Bundesgericht fällte am 29. August 1991 das bemerkenswerte Urteil, daß auch der Besitz von 8 Kilogramm Haschisch kein *"schwerer Fall"* ist. Das oberste Gericht (vergleichbar mit dem deutschen BVG) korrigierte frühere Entscheide und folgte dem aktuellen Stand der Wissenschaft, wonach Cannabis endgültig als keine Einstiegsdroge mehr gilt und selbst die akute, extrem überdosierte Intoxikation für den Konsumenten nie lebensgefährlich ist(im Gegensatz zu Alkohol oder Heroin)[244].
Marijuana-Anbau wird aus der gesamten Schweiz, besonders jedoch aus den klimatisch begünstigten Südkantonen gemeldet[245]. In sonniger Höhe reift - entsprechendes Saatgut vorausgesetzt - "Konsumhanf" von beachtlicher Qualität heran[246], *Swiss Miss* muß keine Vergleiche scheuen.

Super Skunk

Shiva Skunk

Shiva Shanti I

Big Bud

NL5 x Haze

*Neue Hanf-Hoch-Züchtungen aus Holland. So potent, daß sie einem traditionellen Kiffer den Kopf verblüffend verdrehen können. Sie nennen es “gen-manipuliert”.*

# *NIEDERLANDE*

**Namen:**
*Hennup*
*Hashish, hasjit, marijuana, grass*
*Nederwiet, netherweed, skunk, Shiva skunk, Skunk Kush, Super Skunk, Skunk No. 2, Early Girl, Early Pearl, Ruderalis Skunk, Durban, Silver Pearl, African Queen, Hindu Kush, Four-Way, Nothern Lights, Big Bud, Shiva Shanti, Silver Haze, Swiss Miss, Hollands Hoop, Swazi, Bolivian, Durban Poison, Original Haze, Afghani No.1, California Orange*, u.v.m.[247]

**Anwendungen:**
Traditionell: Faserpflanze
Heute: verbreitetes Rauschmittel, Handelsware, Faserlieferant

**Anbaugebiete:**
Gewächshäuser im ganzen Land.
Freilandanbau zur Faser-, Öl- und Marijuanagewinnung.

**Rechtliche Situation/Sicherheit:**
Beitritt zur Single Convention 1965.
Bis 30 Gramm Ordnungswidrigkeit.
Tolerierter öffentlicher Verkauf in sogenannten Coffee Shops.
Trennung vom Markt für harte Drogen.

## Böses Holland?
## Gutes Holland?

*"Was Cannabis betrifft, so hat auch in diesem Jahr die bisherige Regelung keinerlei Probleme und keinerlei negative Auswirkungen gezeigt. Der Konsum kann als leicht rückläufig angesehen werden."*
Pressemitteilung der niederländischen Regierung, vom 5. Januar 1982, nach Behr (1985)

Wie die gesamte westliche Welt, so wurden auch die Niederlande Ende der Sechziger Jahre von der Cannabiswelle erfaßt. Anfangs waren auch hier die Behörden schlecht informiert und überfordert. Man schickte ertappte Hanfkonsumenten in den Knast oder ersatzweise zur psychiatrischen Behandlung.
Bald erkannte man jedoch, daß eine repressive Verbotspolitik (wie in der 1965

auch von Holland unterzeichneten Single Convention festgelegt) der falsche Weg im Umgang mit einem sozialen Phänomen ist.
Die Politik sollte sich nur dann gegen den Gebrauch eines Genußmittels wenden, wenn die Risiken des Konsums für das Individuum und die Gesellschaft unannehmbar sind. Und daß diese beim Cannabis unschlagbar gering sind, das war - entgegen landläufiger Meinung - vor zwanzig, vor zweihundert und auch schon vor zweitausend Jahren hinlänglich bekannt.
Die niederländische Regierung forderte, daß der Konsum der traditionellen Cannabisprodukte Haschisch und Marijuana vollkommen entkriminalisiert werden sollte. Aus der Single Convention wollte man (obwohl durchaus möglich) aus diplomatischen Gründen nicht aussteigen, und so fiel die Änderung des Niederländischen Opiumgesetzes 1976 sehr abgeschwächt aus. Cannabis wurde de juro von den harten Drogen getrennt und auf einer gesonderten Liste geführt. Der Besitz bis zu 30 Gramm ist eine Ordnungswidrigkeit (vergleichbar mit Falschparken) mit einer (theoretischen) Maximalstrafe von 3 Monaten Gefängnis oder 500 Gulden. Der Besitz von größeren Mengen und der Handel können mit maximal 2 Jahren bestraft werden, Ein- und Ausfuhr mit bis zu 4 Jahren.

Heute, bald zwanzig Jahre nach dem holländischen Alleingang, hat sich der Hanf in allen Gesellschaftsschichten weitgehend etabliert. Haschisch und Marijuana haben weder zum moralischen Verfall der Bevölkerung, noch zum Zusammenbruch der Wirtschaft geführt. Eher im Gegenteil. Der Hanf hat sich zu einem wichtigen Produkt holländischen Gemüseanbaus gemausert und sichert somit Arbeitsplätze in einer immer härter werdenden europäischen Konkurrenz. Entgegen aller außerholländischen Propaganda stagnierte nach der Gesetzesreform erst der Konsum und ging dann sogar zurück[248].

*Die Gäste trinken Kaffee oder Limonade. lesen die Zeitung und rauchen dabei gemütlich ein Haschischzigarettchen. Hier kommen Menschen zahlreicher Nationalitäten miteinander in Kontakt und leisteten dadurch einen positiven Beitrag für die Gesellschaft.* Holländischer Coffeshop-Besitzer in der STUTTGARTER ZEITUNG vom 15. Januar 1994

*Jetzt kann jeder im internationalen Drogenhandel Millionen scheffeln und ein weltweites Hasch-Imperium aufbauen! Pünktlich zur umsatzfördernden Weihnachtszeit kommt in den Niederlanden ein Gesellschaftsspiel auf den Markt, bei dem die ganze Familie mit allerlei List und Tücke um Drogen-Millionen schachern kann. Auf den ersten Blick erinnert "Dopedeal ohne Grenzen" an das berühmte "Monopoly". Es geht um Geld, sehr viel Geld. Wer zuerst zwei Millionen zusammengerafft hat, ist der Sieger.*
Stuttgarter Nachrichten, 29. November 1993

*Rund 700.000 Niederländer rauchen nach inoffiziellen Schätzungen regelmäßig einen Joint. "Das ist eine beachtliche Verbrauchergruppe - ohne Lobby. Wir wollen das ändern", meint Boy Ramsahay. Zusammen mit Freunden will er am 3. Dezember in Utrecht den "Niederländischen Verbraucherbund für Cannabis-Liebhaber" gründen. (...)*
*"Kaffee, Bier, Schokolade - all diese Genußmittel werden genau überprüft. Wir wollen endlich auch eine Qualitätskontrolle für weiche Drogen einführen", kündigt Ramsahay an. Die rund 1500 niederländischen Coffeesshops, in denen Haschisch auf der Karte steht, können dann Stichproben ihres Stoffs an den Verbraucherbund schicken. Von dort werden die Drogen zum Gütetest in ein Laboratorium gegeben. Die Qualität richtet sich danach, wie hoch die Konzentration des Rauschmittels THC ist, welche Bindemittel verwendet wurden und ob Spuren von Insektengift nachweisbar sind. Entspricht die Probe dem festgelegten Standard, darf der Shopbesitzer ein Gütesiegel auf seine Haschtütchen kleben.*
Stuttgarter Nachrichten, 25. November 1993

Oberster Grundsatz der niederländischen Drogenpolitik ist die Trennung von hartem und weichem Drogenmarkt. In den halb-legalen Cannabis-Verkaufsstellen, den *Koffieshop*s (Jahresumsatz ca. 600 Millionen Mark[249]), ist der Umgang mit Heroin und Kokain streng untersagt und die Hausdealer halten sich daran, wollen sie nicht ihre Lizenzen verlieren[250]. Kommen Polizisten in die *Koffieshops*, so überwachen sie entweder dieses "Gentleman Agreement", oder sie holen sich ein, zwei Gramm *Nederwied* für den Feierabend, während an den Tischen nur noch die instinktiv zusammenzuckenden Ausländer von der anwesenden Staatsgewalt Notiz nehmen.
Gut 100 der insgesamt 1500 niederländischen Coffeeshops haben sich jetzt zusammengetan, um den "Bund für Cannabis Detaillisten" (BCD) zu gründen. Die Organisation möchte durch ein Richtlinien- und Kontrollsystem Qualitätserhöhungen bei den angebotenen Hanfdrogen erreichen, seine Mitglieder in juristischen Fragen beraten und ihre Interessen bei Verhandlungen mit Polizei und Behörden vertreten.
Vor allem aber wollen sie die Shops aus der Schmuddelecke von Kriminalität und Untergrund herausführen[251].

Gutes Holland? Böses Holland?

*Da freut sich der Fahnder: Staatliche Hanfernte in Schwaben – mehr als Sieben auf einen Streich!*

**Anhang I:**

## Einheits-Übereinkommen von 1961 über Suchtstoffe in der durch das Protokoll zur Änderung des Einheits-Übereinkommens von 1961 geänderten Fassung (Single Convention)

(BGBl. 1977 II S. 112 ff., gekürzt)

Präambel

DIE VERTRAGSPARTEIEN -

BESORGT um die Gesundheit und das Wohl der Menschheit,
IN DER ERKENNTNIS, daß die medizinische Verwendung von Suchtstoffen zur Linderung von Schmerzen und Leiden weiterhin unerläßlich ist und daß hinreichend Vorsorge getroffen werden muß, damit Suchtstoffe für diesen Zweck zur Verfügung stehen,
IN DER ERKENNTNIS, daß die Rauschgiftsucht für den einzelnen voller Übel und für die Menschheit sozial und wirtschaftlich gefährlich ist,
IN DER ERWÄGUNG, daß Maßnahmen gegen den Mißbrauch von Suchtstoffen nur wirksam sein können, wenn sie koordiniert werden und weltweit sind,
ÜBERZEUGT, daß für weltweite Maßnahmen eine internationale Zusammenarbeit erforderlich ist, die auf gleichen Grundsätzen beruht und gemeinsame Ziele anstrebt,
IN ANERKENNUNG der Zuständigkeit der Vereinten Nationen auf dem Gebiet der Suchtstoffkontrolle und von dem Wunsch geleitet, die in Betracht kommenden internationalen Organe in diese Organisation einzugliedern,
GEWILLT, ein allgemein annehmbares internationales Übereinkommen zu schließen, das bestehende Suchtstoffverträge ablöst, die Suchtstoffe auf die Verwendung in der Medizin und Wissenschaft beschränkt sowie eine dauernde internationale Zusammenarbeit und Kontrolle zur Verwirklichung dieser Grundsätze und Ziele sicherstellt -

KOMMEN hiermit wie folgt ÜBEREIN:

Artikel 1

**Begriffsbestimmungen**

(1) Soweit nicht etwas anderes ausdrücklich angegeben oder auf Grund des Zusammenhangs erforderlich ist, gelten für das ganze Übereinkommen folgende Begriffsbestimmungen:
(...)
b) Der Ausdruck "Cannabis" bezeichnet die Blüten- oder Fruchtstände der Cannabispflanze, denen das Harz nicht entzogen worden ist, und zwar ohne Rücksicht auf ihre Benennung; ausgenommen sind die nicht mit solchen Stoffen vermengten Samen und Blätter.
c) Der Ausdruck "Cannabispflanze" bezeichnet jede Pflanze der Gattung Cannabis.
d) Der Ausdruck "Cannabisharz" bezeichnet das abgesonderte Harz der Cannabispflanze, gleichviel ob roh oder gereinigt.
(...)
i) Der Ausdruck "Anbau" bezeichnet den Anbau des Opiummohns, des Kokastrauchs oder der Cannabispflanze.
(...)
l) Der Ausdruck "unerlaubter Verkehr" bezeichnet jedes gegen dieses Übereinkommen verstoßende Anbauen von oder jeden Verkehr mit Suchtstoffen.
m) Die Ausdrücke "Einfuhr" und "Ausfuhr" bezeichnen je nach dem Zusammenhang die körperliche Verbringung von Suchtstoffen aus einem Staat in einen anderen oder aus einem Hoheitsgebiet in ein anderes Hoheitsgebiet desselben Staates.
n) Der Ausdruck "Herstellung" bezeichnet alle zur Erzeugung von Suchtstoffen geeigneten Verfahren mit Ausnahme der Gewinnung; er umfaßt sowohl das Reinigen von Suchtstoffen als auch deren Umwandlung in andere Suchtstoffe.
(...)
s) Der Ausdruck "Zubereitung" bezeichnet ein festes oder flüssiges Gemisch, das einen Suchtstoff enthält.
t) Der Ausdruck "Gewinnung" bezeichnet die Trennung des Opiums, der Kokablätter, des Cannabis und des Cannabisharzes von den Pflanzen, aus denen sie gewonnen werden.
(...)

Artikel 2

**Unter Kontrolle stehende Stoffe**

(1) Abgesehen von Kontrollmaßnahmen, die auf bestimmte Suchtstoffe beschränkt sind, gelten für die in Anhang I aufgeführten Suchtstoffe alle Kontrollmaßnahmen, welche auf die unter dieses Abkommen fallenden Suchtstoffe anwendbar sind (...)

Artikel 3

**Änderungen im Umfang der Kontrolle**

(1) Liegen einer Vertragspartei oder der Weltgesundheitsorganisation Angaben vor, die nach ihrer Auffassung die Änderung eines Anhangs erforderlich machen, so notifiziert sie dies dem Generalsekretär und leitet ihm alle diese Notifikation erhärtenden Angaben zu.
(2) Der Generalsekretär übermittelt die Notifikation und alle ihm erheblich erscheinenden Angaben den Vertragsparteien, der Kommission und, wenn die Notifikation von einer Vertragspartei ausging, der Weltgesundheitsorganisation.
(...)
(6) Betrifft eine Notifikation einen in Anhang I oder II aufgeführten Suchtstoff (...), so kann die Kommission (...) einen jeden Anhang ändern,
a) indem sie einen Suchtstoff aus Anhang I in Anhang II oder aus Anhang II in Anhang I überträgt, oder
b) indem sie einen Suchtstoff oder eine Zubereitung aus einem Anhang **streicht**.

Artikel 4

**Allgemeine Verpflichtungen**

Die Vertragsparteien treffen alle erforderlichen Gesetzgebungs- und Verwaltungsmaßnahmen,
a) um dieses Übereinkommen in ihren eigenen Hoheitsgebieten durchzuführen,
b) um bei der Durchführung dieses Gesetzes mit anderen Staaten zusammenzuarbeiten und
c) um nach Maßgabe dieses Übereinkommens die Gewinnung, Herstellung, Ausfuhr, Einfuhr, Verteilung, Verwendung und den Besitz von Suchtstoffen sowie den Handel damit auf ausschließlich medizinische und wissenschaftliche Zwecke zu beschränken.
(...)

Artikel 8

**Aufgaben der Kommission**

Die Kommission ist ermächtigt, sämtliche die Ziele dieses Übereinkommens betreffenden Angelegenheiten zu behandeln und insbesondere
a) die Anhänge nach Maßgabe des Artikels 3 zu ändern,
b) das Suchtstoffamt auf jede mit dessen Aufgaben zusammenhängende Angelegenheit aufmerksam zu machen,
c) zur Verwirklichung der Ziele dieses Übereinkommens Empfehlungen abzugeben, einschließlich solcher über wissenschaftliche Forschungsprogramme und den Austausch wissenschaftlicher oder fachlicher Informationen, sowie
d) Nichtvertragsparteien auf die von ihr nach diesem Übereinkommen angenommenen

Beschlüsse und Empfehlungen aufmerksam zu machen, damit sie entsprechende Maßnahmen in Erwägung ziehen können.

Artikel 9

**Zusammensetzung und Aufgaben des Suchtstoffamts**

(1) Das Suchtstoffamt besteht aus dreizehn vom Rat wie folgt zu wählenden Mitgliedern:
a) drei Mitglieder mit medizinischer, pharmakologischer oder pharmazeutischer Erfahrung (...), sowie
b) zehn Mitgliedern aus einer Liste von Personen, die von den Mitgliedern der Vereinten Nationen und von den Vertragsparteien benannt werden, die nicht Mitglied der Vereinten Nationen sind.
(2) Als Mitglieder des Suchtstoffamts sind Personen zu berufen, die wegen ihrer fachlichen Befähigung, Unparteilichkeit und Uneigennützigkeit allgemeines Vertrauen genießen. (...)

Artikel 23

**Staatliche Opiumstellen**

(1) Gestattet eine Vertragspartei den Anbau von Opiummohn zur Gewinnung von Opium, so errichtet sie, wenn dies nicht bereits geschehen ist, und unterhält eine oder mehrere staatliche Stellen zur Wahrnehmung der in diesem Artikel vorgesehenen Aufgaben.
(2) Jede solche Vertragspartei wendet auf den Anbau von Opiummohn zur Gewinnung von Opium und auf Opium folgende Bestimmungen an:
a) Die Stelle bezeichnet die Gebiete und Landparzellen, auf denen der Anbau von Opiummohn zur Gewinnung von Opium gestattet wird;
b) nur Anbauer, die einen Genehmigungsschein der Stelle besitzen, dürfen den Anbau betreiben;
c) in jedem Genehmigungsschein ist die Größe der Fläche anzugeben, auf welcher der Anbau zulässig ist;
d) alle Anbauer von Opiummohn haben die gesamte Opiumernte an die Stelle abzuliefern. So bald wie möglich, spätestens jedoch vier Monate nach Beendigung der Ernte, kauft die Stelle die geerneteten Mengen und nimmt sie körperlich in Besitz (...)

Artikel 28

**Kontrolle des Cannabis**

(1) Gestattet eine Vertragspartei den Anbau der Cannabispflanze zur Gewinnung von Cannabis oder Cannabisharz, so wendet sie auf diese Pflanze das in Artikel 23 für den Opiummohn vorgesehene Kontrollsystem an.

(2) Dieses Übereinkommen findet auf den Anbau der Cannabispflanze zu ausschließlich gärtnerischen und gewerblichen Zwecken (Fasern und Samen) **keine Anwendung**
(3) Die Vertragsparteien treffen die erforderlichen Maßnahmen, um den Mißbrauch der Blätter der Cannabispflanze und den unerlaubten Verkehr damit zu verhindern.
(...)

Artikel 33

**Besitz von Suchtstoffen**

Die Vertragsparteien erlauben keinen Besitz von Suchtstoffen ohne gesetzliche Ermächtigung. (...)

Artikel 36

**Maßnahmen gegen den unerlaubten Verkehr**

Die Vertragsparteien sind verpflichtet, unter gebührender Beachtung ihrer Verfassungs-, Rechts- und Verwaltungsordnungen
a) Vorkehrungen zu treffen, um ihre Maßnahmen zur Verhütung und Unterdrückung des unerlaubten Verkehrs innerstaatlich zu koordinieren; sie können zweckdienlicherweise eine hierfür zuständige Stelle bestimmen,
b) einander beim Kampf gegen den unerlaubten Verkehr zu unterstützen. (...)

Artikel 36

**Strafbestimmungen**

(1) Jede Vertragspartei trifft vorbehaltlich ihrer Verfassungsordnung die erforderlichen Maßnahmen, um jedes gegen dieses Übereinkommen verstoßende Anbauen, Gewinnen, Herstellen, Ausziehen, Zubereiten, Besitzen, Anbieten, Feilhalten, Verteilen, Kaufen, Verkaufen, Liefern - gleichviel zu welchen Bedingungen -, Vermitteln, Versenden - auch im Durchfuhrverkehr -, Befördern, Einführen und Ausführen von Suchtstoffen sowie jede nach Ansicht der betreffenden Vertragspartei gegen dieses Übereinkommen verstoßende sonstige Handlung, wenn vorsätzlich begangen, mit Strafe zu bedrohen sowie schwere Verstöße angemessen zu ahnden, insbesondere mit Gefängnis oder sonstigen Arten des Freiheitsentzugs. (...)

Artikel 38

**Behandlung Süchtiger**

(1) Die Vertragsparteien werden ihren Vorkehrungen zur ärztlichen Behandlung, Pflege und Rehabilitierung der Süchtigen besondere Aufmerksamkeit widmen.

(2) Stellt die Sucht für eine Vertragspartei ein schwerwiegendes Problem dar und gestatten es ihre wirtschaftlichen Mittel, so ist es wünschenswert, daß sie ausreichende Vorkehrungen zur wirksamen Behandlung der Süchtigen trifft.
(...)

Artikel 44

**Außerkrafttreten früherer völkerrechtlicher Übereinkünfte**

(1) Mit Inkrafttreten dieses Übereinkommens werden folgende Übereinkünfte aufgehoben und durch dieses Übereinkommen abgelöst:
a) das am 23. Januar 1912 in Den Haag unterzeichnete Internationale Opiumabkommen,
b) die am 11. Februar 1925 in Genf unterzeichnete Vereinbarung über die Herstellung von, den Binnenhandel mit und die Verwendung von zubereitetem Opium,
c) das am 19. Februar 1925 in Genf unterzeichnete Internationale Opiumabkommen,
d) das am 13. Juli 1931 in Genf unterzeichnete Internationale Abkommen zur Beschränkung der Herstellung und zur Regelung der Verteilung der Betäubungsmittel,
e) das am 27. November 1931 in Bangkok unterzeichnete Abkommen über die Kontrolle des Opiumrauchens im Fernen Osten,
(...)
h) das am 19. November 1948 in Paris unterzeichnete Protokoll zur internationalen Überwachung von Stoffen, die von dem Abkommen vom 13. Juli 1931 zur Beschränkung der Herstellung und zur Regelung der Verteilung der Betäubungsmittel, geändert durch das am 11. Dezember 1946 in Lake Success unterzeichnete Protokoll, nicht erfaßt werden,
(...)

Artikel 46

**Kündigung**

(1) Nach Ablauf von zwei Jahren seit Inkrafttreten dieses Übereinkommens **kann jede Vertragspartei** im eigenen Namen oder im Namen eines Hoheitsgebiets, für dessen internationalen Beziehungen sie verantwortlich ist (...) dieses Übereinkommen durch Hinterlegung einer entsprechenden Urkunde beim Generalsekretär **kündigen**.
(...)

Artikel 49

**Zeitlich begrenzte Vorbehalte**

(1) Eine Vertragspartei kann sich bei der Unterzeichnung der Ratifizierung oder dem Beitritt das Recht vorbehalten, in jedem ihrer Hoheitsgebieten vorübergehend folgendes zu **gestatten**:

a) die Verwendung von Opium zu quasimedizinischen Zwecken,
b) das Opiumrauchen,
c) das Kauen von Kokablättern,
d) die Verwendung von Cannabis, Cannabisharz sowie Cannabisauszügen und -tinkturen zu nichtmedizinischen Zwecken,
e) die Gewinnung und Herstellung der unter den Buchstaben a bis d bezeichneten Suchtstoffe und den Handel damit zu den dort erwähnten Zwecken.
(2) Für Vorbehalte nach Absatz 1 gelten folgende Einschränkungen:
a) Die in Absatz 1 erwähnten Tätigkeiten dürfen nur insoweit gestattet werden, als sie in den Hoheitsgebieten, für die der Vorbehalt gemacht wird, herkömmlich sind und am 1. Januar 1961 erlaubt waren;
(...)
f) die Verwendung von Cannabis zu anderen als medizinischen und wissenschaftlichen Zwecken ist möglichst bald, auf jeden Fall aber binnen fünfundzwanzig Jahren nach dem in Artikel 41 Absatz 1 vorgesehenen Inkrafttreten dieses Übereinkommens einzustellen, (...)

Artikel 51

**Notifikationen**

(...)
GESCHEHEN zu New York am 30. März 1961 in einer Urschrift, die im Archiv der Vereinten Nationen hinterlegt wird; allen Mitgliedern der Vereinten Nationen und den anderen in Artikel 40 Absatz 1 bezeichneten Staaten werden beglaubigte Abschriften übermittelt.

**Liste der in den Anhang I aufgenommenen Suchtstoffe**
(kleine Auswahl)

Cannabis und Cannabisharz und Extrakte und Cannabistinkturen
Cocablätter
Cocain
Mohnstroh-Konzentrat
Heroin
LSD (aufgenommen 1971)
Mescalin (aufgenommen 1971)
Methadon
Morphin (Morphium)
Opium
Psilocybin (aufgenommen 1971)
Δ6a-(10a-), Δ6a-(7-), Δ7-, Δ8-, Δ9-, Δ-10- Tetrahydrocannbinol

**Liste der in den Anhang II aufgenommenen Suchtstoffe**
(kleine Auswahl)
Codein
Amphetamin (seit 1971)
Methamphetamin (seit 1971)
Phencyclidin (seit 1971)

**Geltungsbereich** (Beitrittsjahr)

Afghanistan (1964), Ägypten (1966), Algerien (1965), Argentinien (1964), Äthiopien (1965), Australien (1967), Bahamas (1975), **Bangladesh (1975) unter Vorbehalt Artikel 49 Absatz 1 a, d und e**, Barbados (1976), Belgien (1969), Benin (1964), Birma (1964), Brasilien (1964), BRD (1974), Bulgarien (1968), Chile (1968), Costa Rica (1970), Dänemark (1964), DDR (1976), Dominikanische Republik (1972), Ecuador (1964), Elfenbeinküste (1964), Fidschi (1971), Finnland (1965), Frankreich (1969), Gabun (1968), Ghana (1964), Griechenland (1972), Guatemala (1967), Guinea (1968), Haiti (1973), Heiliger Stuhl (1975), Honduras (1973), **Indien (1965) unter Vorbehalt Art. 49 (1) a, b, d und e**, Irak (1964), Iran (1972), Island (1975), Israel (1964), Jamaika (1964), Japan (1964), Jordanien (1964), Jugoslawien (1964), Kamerun (1964), Kanada (1964), Kenia (1964), Kolumbien (1975), Süd-Korea (1964), Kuba (1964), Kuwait (1964), Laos (1973), Lesotho (1974), Libanon (1965), Liechtenstein (1979), Luxemburg (1972), Madagaskar (1974), Malawi (1965), Malaysia (1967), Mali (1965), Marokko (1964), Mauritius (1969), Mexiko (1967), Monaco (1969), Neuseeland (1964), Nicaragua (1973), Niederlande (1965), Niger (1964), Nigeria (1969), Norwegen (1967), Obervolta (1969), **Pakistan (1965) unter Vorbehalt Art. 49 (1) a bis e**, Panama (1964), Papua-Neuguinea (1980), Paraguay (1972), Peru (1964), Philippinen (1967), Polen (1966), Portugal (1972), Rumänien (1974), Sambia (1965), Saudi-Arabien (1973), Schweden (1965), Schweiz (1970), Senegal (1964), Singapur (1973), Sowjetunion, Ukraine, Weißrußland (1964), Spanien (1966), Sri Lanka (1964), Südafrika (1971), Sudan (1974), Syrien (1964), Thailand (1964), Togo (1964), Tonga (1973), Trinidad und Tobago (1964), Tschad (1964), Tschechoslowakei (1964), Tunesien (1964), Türkei (1967), Ungarn (1964), Venezuela (1969), Vereinigtes Königreich (1964), Vereinigte Staaten (1967), (Republik-)Vietnam (1970), Zaire (1973), Zypern (1969).

Welche Länder nicht? Es darf gerätselt werden...

**Anmerkung**: Bangladesh, Indien und Pakistan behielten sich bei Unterzeichnung der Single Convention vor, den außermedizinischen Gebrauch von Opium und Cannabis zu gestatten.

*Deutsche Parlamentarier beim Vorkosten: "Grausam, dieses EWG-Kraut! Es geht doch nichts über das gute alte Importhaschisch aus den Kolonien!"*

***Literatur und Quellen:***


**H.J. ALBRECHT, A. VAN KALMTHOUT:** Drug Policies in Western Europe; Freiburg i.Br., 1989

**K. AMBOS:** Drogenkontrolle und ihre Probleme in Kolumbien, Peru und Bolivien; Max-Planck-Institut, Freiburg, 1993

**G. AMENDT:** Sucht-Profit-Sucht; Frankfurt/M., 1990

Der große weiße Bluff; Hamburg, 1987

**ANN ARBOR OBSERVER:** Merchant of Marihuana; 2/1978

**ARD/ZDF:** Morgenmagazin, 6.4.1994

**G. AUSTIN:** Die europäische Drogenkrise des 16. und 17. Jahrhunderts, in VÖLGER (1981)1

**H.-G. BEHR:** Von Hanf ist die Rede; Reinbek bei Hamburg, 1985

**R. BEKE-BRAMKAMP:** Die Drogenpolitik der USA, 1969-1990; Baden-Baden, 1992

**S. BENET:** Early Diffusion and Folk Use of Hemp, in RUBIN (1975)

**J. BENOIST:** Réunion: Cannabis in a Pluricultural and Polyethic Society, in RUBIN (1975)

**E.R. BLOOMQUIST:** Marijuana The Second Trip; Beverly Hills 1971

**J.L. BRAU:** Vom Haschisch zum LSD; Paris 1968

**K. BRUUN, L. PAN, I. REXED:** The Gentlemen's Club; Chikago, 1975

**W. BURIAN, I. EISENBACH-STANGL (Hrsg.):** Haschisch: Prohibition oder Legalisierung; Weinheim, Basel, 1982

**W.E. CARTER, W.J. COGGINS:** Chronic Cannabis Use in Costa Rica: A Description of Research Objectives, in RUBIN (1975)

**M. CHATELAIN:** Berichte über Drogenkonsum im Alten und Neuen Testament, in VÖLGER (1981)

**N. CHRISTIE, K. BRUUN:** Der nützliche Feind; Bielefeld, 1991

**J.S. MARGOLIS, R. CLORFENE:** Alles was Sie schon immer über Marihuana wissen wollten...; Hollywood, 1969; Neuauflage 1993, o.O.

**H. CODERE:** The Social and Cultural Context of Cannabis Use in Rwanda, in RUBIN (1975)

**S. COHEN:** Medizinischer Stand der Marihuana Forschung, in VÖLGER (1981)

**D. CRANACH:** Drogen im alten Ägypten, in VÖLGER (1981)

**A.R. DE PINHO:** Social and Medical Aspects of the Use of Cannabis in Brazil, in RUBIN (1975)

**DER SPIEGEL:** 48/1976; 39/1992; 38/1993; 4/94, 16/94; 17/94, 18/94

**DIE ZEIT:** 10/1992; 19/1994

**B.M. DU TOIT:** Dagga: The History and Ethographic Setting of Cannabis sativa in Southern Africa, in RUBIN (1975)

**B.M. DU TOIT:** Cannabis in Afrika, in VÖLGER (1981)

**F. DÜNKEL:** Strafrechtliche Drogengesetzgebung im internationalen Vergleich; in VÖLGER (1981)

**W.A. EMBODEN:** Cannabis in Ostasien, in VÖLGER (1981)

**J. FISHER:** Cannabis in Nepal: An Overview; in: RUBIN (1975
**FRANKFURTER RUNDSCHAU:** 2.7.1981)
**R. GELPKE:** Vom Rausch im Orient und Okzident; Stuttgart, (1966)
**GEO:** 3/1994
**T. GESCHWINDE:** Rauschdrogen, Marktformen und Wirkungsweisen; Berlin/Heidelberg/New York/Tokio, 1985
**H. HAI:** Das Definitive Deutsche Hanf Handbuch, Löhrbach, 1982
**H. HAI, R. RIPPCHEN:** Das Hanf-Handbuch, 1994
**J. HERER, M. BRÖCKERS:** Die Wiederentdeckung der Nutzpflanze Hanf Cannabis Marihuana; Frankfurt/M., 1993
**H. HESS; M. BRÖCKERS:** Der illegale Drogenhandel; in: Scheerer (1989);
**H. HÖFER (Hrsg.):** Apa-Guides Jamaika, München 1983
**K. HOMANN:** Wirtschaftsethische Perspektiven des Drogenproblems; Berlin (1992)
**U. HOMANN:** Das Haschisch-Verbot. Gesellschaftliche Funktion und Wirkung; Frankfurt a.M., 1972
**HUI-LIN LI:** The Origin and Use of Cannabis in Eastern Asia: Their Linguistic-Cultural Implications, in: RUBIN (1975)
**H.W. HUTCHINSON:** Patterns of Marihuana Use in Brazil, in: RUBIN (1975)
**INTERNATIONALER WELTATLAS:** London 1993
**K. JETTMAR:** Skythen und Haschisch, in VÖLGER (1981)
**M. JONES, J. CHILTON:** Louis Armstrong; New York 1971
**M. A. KHAN, A. ABBAS, K. JENSEN:** Cannabis Usage in Pakistan: A Pilot Study of Long Term Effects on Social Status and Physical Health, in: RUBIN (1975)
**T. KESSLER:** Vorentwurf für ein Anbauprogramm von Konsumhanf im Berggebiet, Schweiz 1987
**kicker SPORTMAGAZIN:** 20.12.1993
**H. H. KÖRNER:** Betäubungsmittelgesetz; München, 1990
**R.W. LEONHARDT:** Haschisch heute, in: VÖLGER (1981)
**L. LEWIN:** Phantastica, Leipzig 1924
**S. LOOSE (Hrsg.):** Südostasien Handbuch, Berlin 1991
**P.V. LUNDT, P. SCHIWY:** Betäubungsmittelrecht, Suchtbekämpfung; Percha 1981
**MARTIN LUTTERJOHANN** *(what a name!)*: Thai für Globetrotter, Bielefeld 1986
**B. MAAS:** Drogen in Europa, Brüssel 1988
**P. MANN:** Hasch - Zerstörung einer Legende; Frankfurt am Main 1987
**L. MANNICHE:** An Ancient Egyptan Herbal; London, 1989
**M.A. MARTIN:** Ethnobotanical Aspects of Cannabis in Southeast Asia, in RUBIN (1975)
**P.M. MICHELS:** Rastafari; München, 1979
**M. MÖBIUS, A. STER:** Thailand selbst entdecken; Zürich, Cochabamba, 1987
**M.H. MOORE:** Buy and Bust; Lexington/Toronto, 1977
**MSD Sharp & Dohme GmbH (Hrsg.):** MSD-MANUAL der Diagnostik und Therapie; München, Wien, Baltimore, 1988
**W. NESKOVIC (Richter am Landgericht Lübeck):** Interview in der ZDF-Sendung "Bonn direkt" vom 3.4.1994

**NEWSWEEK:** 8/1985
**OBSERVATOIRE GÉOPOLITIQUE DES DROGUES (OGD):** Der Welt-Drogen-Bericht; Paris, 1993
**J. OSTROWSKI:** Thinking about Drug Legalization; Cato Policy Analysis No. 121
**M. OTTO:** Worte wie Spuren; Freiburg im Breisgau, 1985
**S. QUENSEL:** Wirkungen und Risiken des Cannabisgebrauchs, in: Scheerer (1989)
**P. PALGI:** The Traditional Role and Symbolism of Hashish among Moroccan Jews in Israel and the Effect of Acculturation, in: RUBIN (1975)
**G. PABST (Hrsg.):** Köhler's Medizinal-Pflanzen; Gera, 1887, Neudruck: Hannover, 1990
**W. PIEPER (Hrsg.):** Willkommen! Gastfreundschaft weltweit; Löhrbach 1993
**PRINZ:** 6/1994
**R. RANKE-RIPPCHEN:** Das böse Bibel Buch; Löhrbach, o.J.
**C. RAUSCH:** Drogenarbeit und Drogenpolitik in Europa; Rheinfelden, Berlin, 1991
**Dr. C. RÄTSCH:** Hanf als Heilmittel; Solothurn, Löhrbach, 1992
**E. REBSCHER, W. VAHLENKAMP:** Organisierte Kriminalität in der BRD; Wiesbaden, 1976
**R. RIPPCHEN (Hrsg.):** Das Recht auf Rausch; Löhrbach, Solothurn, o.J.
**V. RUBIN (Hrsg.):** Cannabis and Culture; Paris, 1975
**A. SALEH:** Alkohol und Haschisch im heutigen Orient, in VÖLGER (1981)
**J. SCHAEFFER:** The Significance of Marihuana in a Small Agriculural Community in Jamaica, in RUBIN (1975)
**S. SCHEERER, I. VOGT:** Drogen und Drogenpolitik; Frankfurt a.M. / New York, 1989
**E. SCHWAGER, R. TREICHLER:** Nepal selbst entdecken; Zürich, Cochabamba 1988
**C. STEFANIS, C. BALLAS, D. MADIANOU:** Sociocultural and Epidemilogical Aspects of Hashish Use in Greece, in RUBIN (1975)
**STUTTGARTER NACHRICHTEN:** 29.11.1993, 11.02.1994, 23.02.1994, 08.03.1994,
**STUTTGARTER ZEITUNG:** 15.01.1994, 14.05.1994, 18.05.1994
**B.M. SCHULDES:** Psychoaktive Pflanzen; Solothurn, Löhrbach, o.J.
**R.E. SCHULTES, A. HOFMANN:** : Pflanzen der Götter; Markterlbach, 1992
**T. STASZ:** Der Krieg gegen Drogen, in VÖLGER (1981)
**THE EUROPEAN:** 24.02.1994
**G. VÖLGER (Hrsg.):** Rausch und Realität - Drogen im Kulturvergleich, Band 1 und 2; Köln, 1981
**P. WEBER-SCHÄFER:** Altchinesische Hymnen; Köln; 1967
**WALL STREET JOURNAL:** The Pot Trade; 16.07., 22.07., 29.07., 04.08., 08.08.1980
**WIRTSCHAFTSWOCHE:** 32/1972

# *DANKSAGUNG*

*Auf all den lieblichen Weiden*
*wuchs schulterhoch das Gras,*
*bis der Sichel blanke Schneide*
*zum Trocknen es senste mit Spaß.*

*Diese grünen, süßen, duftenden Halme*
*im Wagen bracht man sie heim;*
*wo sie sich zu Gipfeln türmten*
*der Kletterer Ziel zu sein.*

*Da der Berg Wahrheit, Berg Rostiger Pfeil*
*das Adlergebirge und Gipfellicht-;*
*Mäuse, die hier verweilen*
*sie sind nicht glücklicher als ich!*

*Da zu klettern, oh welche Lust,*
*oh welch ein Platz für Spaß,*
*die süße, gedämpfte, wolkige Luft,*
*der fröhlichen Hügel aus Gras!*
(Robert Louis Stevenson)

Danken möchte ich an dieser Stelle all den Menschen, die mir in vergessenen Bahnhöfen, schmuddeligen Absteigen und einsamen Stränden Menschlichkeit sowie Kultur pur angedeihen ließen, deren Namen mir aber leider -aus den wohlbekannten Gründen- entfallen sind.
Sorry! Heiter Weiter!

**Rat & Tat:**
Alexander, Paul Leis (*what, a booong?*), Yoshinobu Aonuma (*Doctor, please!)*, Kasuheco Manabe (*aligudo*!), Miguel, Josef Beroun (*Jessas, bin i g'schloss'n*!). Li Xiao Wen, Jean Claude Laceppe, Edward Diagbah, Mäo, Charisa Sarawat, Manit; Buffalo Bill, Bä, Maurizio Pellegrini (*Rain & Rice*); Mohamed Kamara, Ahaji Seray Jah, Milo, Pasi Sivunnen, Butar Srinaga, Ucok, Usman Mahaman, John; Lawrance Wilson.
César, Fernando, Mareza, Caruso (*Popeye, fala portuges!*), Néguinho. Edgar Leiminger, Jerry Black, Katrin & Magnus. *Grasshoppers* Paul Foote und Stephen Sexton (*When your eyes are like mine!*)...
Wolfgang Gentzen (*Die Knaller!*), Andreas & Stefan Kerpe.
Manfred (*Tschong-kwei!*), Jim, Igor (*Nnnnascha*!), Stefan Loose, Johannes

*Rattelschneck* Bils, Jürgen Ossi Schmidt, Dietmar, Cat, Carsten, Magic Martin, Roland S., Ronald Rippchen.
Opa Heinz.
Zeichnungen von Erich Pilwousek, Augsburg.
Popeye (*Eeh, Hildegard!*). Bert Marco Schuldes, Kai & Guido Bröger vom Highlight-Shop Stuttgart...
*Son Of Jah* Jürgen Metzger, Klaus, das wandelnde Lexikon.

## *Anmerkungen*

[1] HAI 1981, Das definitive deutsche Hanfhandbuch

[2] HAI 1981

[3] AUSWÄRTIGES AMT, 28.04.1994: Nach §7 des Konsulargesetz und dem Wiener Übereinkommen über Konsularische Beziehungen dürfen ausländische Häftlinge von ihrer Botschaft betreut werden. Die Betreuung soll den Inhaftierten Rechtshilfe, Post, oder Literatur zukommen lassen, bei Langzeitaufenthalten Sozialhilfe zahlen und - im Optimalfall - direkte lebenswichtige Hilfe in Form von Medikamenten, Kleidung oder Hygieneartikeln leisten.

[4] JOSEPH (1975), RÄTSCH (1992),

[5] OGD (1993)

[6] HESS/BRÖCKERS (1989), RÄTSCH (1992), OGD (1993)

[7] RÄTSCH (1992)

[8] RÄTSCH (1992) nach PALGI (1975)

[9] GEO, 3/94

[10] HESS/BRÖCKERS (1989)

[11] OGD (1993)

[12] ebd.

[13] ANDREAS H., D-Weil der Stadt

[14] OGD (1993)

[15] BRAU (1968)

[16] OGD

[17] RÄTSCH (1992)

[18] HESEKIEL 34, 29, nach HERER/BRÖCKERS (1993)

[19] nach HERER/BRÖCKERS (1993)

[20] HERER/BRÖCKERS (1993), BEHR (1985)

[21] OGD (1993)

[22] ebd.

[23] ebd.

[24] vgl. ANHANG 1, KÖRNER (1990)

[25] DU TOIT (1975), DU TOIT (1981), LEWIN (1924)

[26] OGD (1993)

[27] BEHR (1985) nach HIGH TIMES, Oktober 1975

[28] INTERNATIONALER WELTATLAS (1993)

[29] JOHN W., Kapstadt/Südafrika

[30] CODERE (1975)

[31] BENOIST (1975)

[32] LEWIN (1924), BRAU (1968), DU TOIT (1975),

[33] RÄTSCH (1992)

[34] Der Staat erlaubte den schwarzen Kumpels jedoch weiterhin den Gebrauch von Marijuana in den Gold- und Diamantminen. HERER/BRÖCKERS (1993) erklärt dies mit (dagga-bedingter) verbesserter Arbeitsleistung.

[35] JOHN W., Kapstadt, Südafrika
[36] OGD
[37] RÄTSCH (1992)
[38] OGD
[39] JETTMAR (1981), RÄTSCH (1992), HERER/BRÖCKERS (1993)
[40] BEHR (1985)
[41] BENET (1975)
[42] HERER/BRÖCKERS (1992)
[43] ebd.
[44] ebd.
[45] z.B. für RÄTSCH (1992)
[46] HAI/RIPPCHEN (1994)
[47] OGD
[48] vom Oktober 1990, nach HERER (1993)
[49] BENET (1975)
[50] ebd.
[51] ebd.
[52] DÜNKEL (1981), SCHEERER (1989)
[53] BEHR (1985)
[54] ebd.
[55] HAI (1981), OGD (1993)
[56] KÖRNER (1990)
[57] BEHR (1985)
[58] HESS/BRÖCKER (1989)
[59] BEHR (1985)
[60] HAI (1981)
[61] ebd.
[62] HESS/BRÖCKERS (1989)
[63] OGD (1993)
[64] Genesis 1,12: *Und die Erde ließ aufgehen Gras und Kraut, das Samen bringt... Und Gott sah daß es gut war.* Genesis 3,18: *...und du sollst das Kraut auf dem felde essen.*(RÄTSCH in RANKE-RIPPCHEN)
[65] PALGI (1975)
[66] BLOOMQUIST (1971)
[67] PALGI (1975)
[68] GELPKE (1966), BEHR (1985)
[69] ebd.
[70] WOLFGANG G., Würzbach, Schwarzwald. Hierbei ist anzumerken, daß eine ähnliche Praktik auch von europäischen Pferdehändlern bekannt ist, die durch den Einsatz von Stechapfelkraut aus dem lahmsten Mähren (vorübergehend) ein feuriges Roß "zauberten".
[71] RÄTSCH (1992)
[72] OGD (1993)
[73] BEHR (1985)

[74] HERER/BRÖCKERS (1993)
[75] ebd.
[76] LEWIN (1924), GELPKE (1968), BEHR (1985),
[77] BEHR (1985)
[78] OGD (1993)
[79] HAI (1981),
[80] ebd.
[81] BEHR (1985)
[82] GELPKE (1966),
[83] HAI (1981)
[84] ebd.
[85] ebd.
[86] BEHR (1985)
[87] HAI/RIPPCHEN (1994)
[88] KASUHECO M., Shiba/Japan
[89] HUI-LIN (1975)
[90] RÄTSCH (1992)
[91] BEHR (1985)
[92] KASUHECO M., Shiba/Japan
[93] RÄTSCH (1985)
[94] ebd.
[95] BEHR (1985)
[96] RÄTSCH (1993)
[97] vgl. BRAU (1968), der zudem bemerkt, daß *menschliches* Fett benutzt wurde/wird. Leider unterließ es der Autor, seine Behauptung bezüglich der kannibalischen Neigungen der Dugpas durch entsprechende Quellenhinweise zu belegen.
[98] KASUHECO M. Shiba/Japan
[99] RÄTSCH (1985)
[100] OGD
[101] Nach FISHER (1975) betrug die Steuer für ein *bigha* (ca. 25 Ar) - großes Hanffeld umgerechnet 350 Dollar.
[102] BEHR (1985)
[103] ebd.
[104] SCHWAGER/TREICHLER (1988)
[105] HESS/BRÖCKERS (1989)
[106] BEHR (1985)
[107] SCHWAGER/TREICHLER (1988)
[108] HESS/BRÖCKERS (1989)
[109] HAI (1981)
[110] FISHER (1975)
[111] OGD (1993)
[112] ebd.
[113] SCHWAGER/TREICHLER (1988)
[114] BEHR (1985)

[115] RÄTSCH (1992)
[116] BRAU (1968)
[117] BEHR (1985), HERER/BRÖCKERS (1993)
[118] vgl. BRAU (1968)
[119] PRINZ, 6/94
[120] HAI (1981)
[121] JÜRGEN S., D-Rheinau
[122] BEHR (1985)
[123] JÜRGEN S., D-Rheinau
[124] JIM, D-Ulm
[125] MAURIZIO P., Orbetello Grossetto/Italien
[126] OGD (1993)
[127] MAURIZIO P., Orbetello Grossetto/Italien, JIM, D-Ulm
[128] HAI/RIPPCHEN (1994)
[129] RÄTSCH (1992)
[130] MÖBIUS/STER (1988)
[131] ebd.
[132] PAUL L. Newcastle/Australien; KATRIN E., MAGNUS E., Stockholm; MILO S., Amsterdam
[133] BEKE-BRAMKAMP (1992)
[134] PASI S., Tampere/Finnland
[135] RÄTSCH (1992)
[136] MÖBIUS/STER (1988)
[137] ebd.
[138] LUTTERJOHANN (1986), LOOSE (1991)
[139] LAWRANCE W., Edgware/England
[140] MARTIN (1975)
[141] LAWRANCE W., Edgware/England
[142] MARTIN (1975)
[143] ebd.
[144] ERICH P., ROLAND P., D-Augsburg, LAWRANCE W., Edgware/England
[145] MARTIN (1975)
[146] JERRY B., Grants Pass/USA
[147] MARTIN (1975)
[148] ebd.
[149] LOOSE (1991)
[150] Der Deutsche Frank Förster wurde in Malaysia für den Besitz von ca. 250 Gramm Marihuana zum Tode verurteilt. Es folgte ein Aufschrei in der deutschen Öffentlichkeit, Bittgesuche von Bundespräsident Richard von Weizsäcker und Außenminister Hans-Dietrich Genscher, sowie zwei eidesstattliche Erklärungen der damals nicht verhafteten Mitreisenden Försters, in denen sie sich als die Besitzer des Marihuanas ausgaben. Das Gericht in Kuala Lumpur glaubte die Erklärungen und sprach Förster frei. Kaum in Deutschland zurück, gab Förster zu, daß die Geständnisse seiner Freunde erstunken und erlogen waren.

[151] vgl. OGD
[152] LEWIN (1924)
[153] RÄTSCH (1992)
[154] OGD (1993)
[155] PASI S., Tampere/Finnland
[156] ERICH P., ROLAND P., D-Augsburg
[157] BERT MARCO SCHULDES, D-Dorfen
[158] ERICH P., ROLAND P., D-Augsburg
[159] STUTTGARTER NACHRICHTEN, 8.3.1994
[160] RÄTSCH (1992)
[161] AMENDT (1990)
[162] KASUHECO M., Shiba/Japan
[163] PAUL L., Newcastle/Australien
[164] ALEXANDER, Great Dividing/Australien
[165] STEPHEN S., Invercargill/Neuseeland, PAUL F. Westport/Neuseeland
[166] HUTCHINSON (1975), BEHR (1985), ANDREAS K., D-Weil der Stadt
[167] ERICH P., ROLAND P., D-Augsburg
[168] BEHR (1985)
[169] HUTCHINSON (1975), DE PINHO (1975)
[170] ERICH P., ROLAND P., D-Augsburg
[171] KLAUS D., D-Weil der Stadt
[172] ebd.
[173] BEHR (1985)
[174] OGD (1993)
[175] nach BEHR (1985)
[176] OGD (1993)
[177] CARTER, COGGINGS: "Chronic Cannabis Use in Costa Rica" (1975)
[178] SCHULTES/HOFMANN (1992)
[179] RÄTSCH (1992)
[180] RÄTSCH (1992)
[181] BEHR (1985)
[182] RÄTSCH (1992)
[183] vgl. BRAU (1968)
[184] ebd.
[185] ebd.
[186] SCHULTES/HOFMANN (1992). Die traditionellen *Pflanzen der Götter* der amerikanischen Indianerstämme waren Stechapfel (Datura), Oloioqui (Ipomoea), Peyotl (Lophophora williamsii) und Teonanacatl (Psiloybin-Pilze).
[187] BRAU (1968)
[188] MARTIN N., D-Ostelsheim
[189] AMENDT (1990)
[190] HAI (1981), BEHR (1985)
[191] SCHAEFFER (1975), HÖFER (1983), MICHELS (1979), BEHR (1985), RÄTSCH (1992)

[192] BEHR (1985), HESS/BRÖCKERS (1989)
[193] HÖFER (1983)
[194] BEHR (1985)
[195] HÖFER (1983)
[196] der ungenannt bleiben möchte
[197] JÜRGEN M., D-Augsburg, ALEXANDER, Great Dividing/Australien
[198] HÖFER (1983)
[199] ebd.
[200] BLOOMQUIST (1971), AMENDT (1990), BEHR (1985), HESS/BRÖCKERS (1988), MANN (1987)
[201] BLOOMQUIST (1971), BEHR (1985), HERER/BRÖCKERS (1993)
[202] RÄTSCH (1992)
[203] RÄTSCH (1992), ANDREAS H., D-Weil der Stadt
[204] ANDREAS HALLER, D-Weil der Stadt
[205] Ein durchschnittliches Kriegsschiff des 17. Jahrhunderts war mit 50 bis 100 Tonnen Hanfseil zuzüglich einiger Tonnen Segel, Netzte u.s.w. ausgestattet. Durch den Salzfraß mußte die komplette Takelage alle 2 Jahre ausgetauscht werden. (HERER/BRÖCKERS 1993, nach: E. ABEL, Marijuana, The First 12000 years, 1980)
[206] HERER/BRÖCKERS (1993)
[207] BEHR (1985)
[208] HERER/BRÖCKERS (1993), BEHR (1985)
[209] BEHR (1985)
[210] nach BEHR (1985)
[211] HAI/RIPPCHEN (1994)
[212] BEHR (1985)
[213] BEKE-BRAMKAMP (1992)
[214] BEHR (1985)
[215] 13 Jahre nachdem ihn John F. Kennedy gezwungen hatte, von seinem Posten als Direktor der Rauschgiftbehörde zurückzutreten. Anslinger versuchte, die rechtskritische Veröffentlichung “The Addict and the Law, 1961” des Professors Alfred Lindsmith der Zensur zu unterwerfen. (HERER/BRÖCKERS, 1993)
[216] MOORE (1977)
[217] HESS/BRÖCKER (1989)
[218] OGD (1993)
[219] HERER/BRÖCKERS (1993)
[220] ebd.

1991 waren in den USA insgesamt fast eine Million Menschen inhaftiert. Somit hatte das Mutterland der Freiheit mit 426 Gefangenen auf 100000 Bürger eine höhere Rate wie beispielsweise die Sowjetunion (268) oder Südafrika (333). BEKE BRAMKAMP (1992)

[221] HAI/RIPPCHEN, 1994

Bill Clinton soll sogar eine ausgesprochene Abneigung gegen (illegale) Drogen und deren Subkultur haben. Grund dafür ist sein 11 Jahre jüngerer, saufender und koksender Halbbruder Roger. Ihn wollte Bill, als er noch Gouverneur von Arkansas war, sogar in den Knast stecken, weil er "zu abgedreht" und schlicht eine "scheußliche Last" auf dem Weg zur Macht war (DER SPIEGEL, 17/1994). Und darum ließ es sich Clinton natürlich nicht nehmen, als Schirmherr für die Aktion "*No power for drugs*" (die ihrem eher peinlichen, denn nützlichen deutschen Pendant verblüffend ähnelt) zu fungieren. (kicker-SPORTMAGAZIN, 51/93)

222 DIE ZEIT 10/92,

223 HAI/RIPPCHEN (1994)

224 AMENDT (1990), OGD (1993), HESS/BRÖCKERS (1989)

225 OGD (1993)

226 HESS/BRÖCKERS (1989)

227 AMENDT (1990), HERER/BRÖCKERS (1993)

228 PABST (1887,1990), HERER/BRÖCKERS (1993)

229 ALBRECHT/VAN KALMTHOUT (1989), KÖRNER (1990), CHRISTIE/BRUUN (1991), RAUSCH (1991), THE EUROPEAN 24.02.1994,

230 MAAS (1988)

231 DER SPIEGEL, 4/940

232 KÖRNER (1990)

233 Außer in der Ex-DDR. Dort haben verschiedene Landwirte im Zuge der "Wiederentdeckung der Nutzpflanze Hanf" bei der Bundesregierung Anträge zum Anbau von THC-armen Faserhanf gestellt. Alle vergeblich. Die Regierung Kohl sträubt sich mit unglaublicher Ignoranz und Vehemenz gegen sämtliche Versuche, Hanf zu reintegrieren. Einige europäische Partner (Spanien, Frankreich, Großbritannien, Holland) sind da im Übrigen weitaus weniger verbohrt, wird dort Cannabis zumindest versuchsweise offiziell und ganz legal angebaut.

234 HERER/BRÖCKERS (1993)

235 OGD (1993)

236 ANDREAS HALLER

237 STEFANIS/ BALLAS/ MADIANOU (1975)

238 RAUSCH (1991)

239 ARD/ZDF Morgenmagazin vom 6. April.1994

240 CHRISTIE/BRUUN (1991)

241 ALBRECHT/VAN KALMTHOUT (1989), MILO S., Amsterdam,

242 KESSLER (1987)

243 OGD (1993)

244 RIPPCHEN (o.Jg.)

245 WOLFGANG G., D-Würzbach

246 KESSLER (1987)

247 HERER/BRÖCKERS (1993), Katalog der SENSI SEED BANK GmbH, Amsterdam.

248 ALBRECHT/VAN KALMTHOUT (1989), RAUSCH (1991)

249 Stuttgarter Nachrichten, 7. Mai 1994

250 OGD (1993), ALBRECHT/VAN KALMTHOUT (1993), SCHEERER (1989)

251 STUTTGARTER ZEITUNG, 15. Januar 1994

DUB SYNDICATE
STONED IMMACULATE

# Get High Beyond Style!

## Hanf, Musik und Kultur

von
Christian Rätsch

»I'll take the easy way out and state that psychedelic music is likely to hold different meanings for as many different people you talk to.«

DAN FORTE

Die Musik, die mit Kiffen, Marihuana und Haschisch assoziiert wird, ist genauso vielfältig, wie die kulturelle Landschaft auf unserem Heimatplaneten. Es gibt keine Kiffermusik *per se*. Es gibt traditionelle volkstümliche oder folkloristische Musik, die seit Jahrhunderten mit der rituellen Einnahme von Hanfprodukten in Zusammenhang steht neben postmodernem Industrial Metal, der die Großstadt-Kids zum Kochen bringt.

Manche Musik wurde durch Kiffen inspiriert und komponiert, andere wird direkt unter Hanfeinfluß gespielt, manche Musik bedient sich Texten zur Hanfkultur, manche Musik wird für ein bekifftes Publikum gespielt. So vielseitig wie die Verwendungsmöglichkeiten der Hanfpflanze sind auch die musikalischen Exkursionen in die Welt des gedopeten Bewußtseins.
Heutzutage zieren immer häufiger Hanfblätter die Hüllen von CDs oder die regenbogenfarbenen CDs selber. Das Hanfblatt ist ein politisches Zeichen der Untergrund oder Gegenkultur geworden. Das Blatt signalisiert die Unzufriedenheit mit dem bestehenden politischen und gesellschaftlichen System zu einem, zum andere zeigt es einen friedvollen Weg der Berauschung und des Musikgenusses.
Eine kurze Auswahl-Diskographie soll einen kleinen Überblick gewähren:

# Traditionelle Musik

## • NORDAFRIKA:

The Master Musicians of Jajouka feat. Bachir Attar, *Apocalypse Across the Sky* (314-510857-2 Axiom Records 1992), produced by Bill Laswell, line notes by William S. Burroughs
Jajouka, die ekstatische Musik aus Marokko, ist ohne Kiff nicht vorstellbar

*Jilala & Gnaoua - Moroccan Trance Music* (SUB CD013-36 Sub Rosa Records 1990), recorded by Paul Bowles

*Maroc - Festival de Marrakech* (PS 65041 Playasound Records1989)

*Vocal Music of Egypt* (KICC 5169 Worldmusic Library King Records 1992)
Die Wasserpfeife auf dem Cover zeigt, wie diese Musik am besten zu genießen ist

## • EUROPA:

Rembetica, *Historic Urban Folk Songs from Greece* (CD 1079 Rounder Records 1992)
Historische Originalaufnahmen (30iger Jahre) aus den legendären *tekedes* (Haschisch-Cafes)

Rembetika, *Taking to Charos* (EUCD 1169 ARC Music 1991)
typischer bekiffter »Griechischer Blues« (= Rembetiko, Rebetika)

Rembetiko, *Original Filmmusik* (CD CMC 013009 PROTON/Videorent 1985)
Soundtrack des sehenswerten Films (viel Musik und Haschisch)

## • ASIEN:

L'Ensemble Traditionnel de l'Orissa, *L'Inde - Musique traditionnelle de danse Odissi* (ARN 64045 Arion Records 1975)
ein schönes Beispiel ekstatischer Musik für hanfgeschängerte Shiva-Kulte

*Nepal: Musique de fête chez les Newar* (VDE-553 AIMP Records 1989)
typische Festmusik, wie sie auch bei Shiva's Geburtstagsorgie, der wichtigsten traditonellen Kifferparty, gespielt wird
Tara Bir Singh, *Nepal Sitar* (SM 1045-50 Wergo Schallplatten 1986)
typische nepalesische Ragas, die die Welten des Nepali versüßen

# Blues

VARIOUS ARTIST, *Reefer Songs - 23 Original Jazz & Blues Vocals* (Jass CD-7 Jass Records 1989)
Diese Compilation enthält wohl die frühesten Kiffersongs, aufgenommen in den 30iger und 40iger Jahren!

# Jazz

CHUCK MANGIONE, *Feels So Good* (AMLH 64658 A&M Records 1977)
"Maui-Waui", das hawaiianische Supergrass per Flügelhorn

MEZZ MEZZROW, *1928-1936* (713 Classics Records 1993)
Der klassische Dope-geschwängerte Jazz des Saxofonisten, der den Reefer in die Scene brachte.

MARK NAUSEEF/MIROSLAV TADIC, *The Snake Music* (CD 60 CMP Records 1994)
High Psychedelia!

# Soul

CURTIS MAYFIELD, *Curtis/Live!* (CDMS 1068 Sacem ohne Datum)
Curtis besingt liebevoll den "Stone Junkie"

# Folk, Folkrock

DR. HOOK AND THE MEDICINE SHOW, *Revisited* (CK 34147 CBS 1976)
Diese »Ärzte« stehen auf "Acapulco Goldie"

BOB DYLAN, *Greatest Hits* (org. 1967, reissue 463088 2 Columbia Records)
In "Rainy Day Women #12 & 35" fordert Dylan »everybody must get stoned«

HAPSHASH AND THE COLOURED COAT, *Western Flier* (Liberty Records 1969, reissue Repertoire Records 1994, REP 4415-WY)
Psychedelic Dope-Klassiker

NEW RIDERS OF THE PURPLE SAGE, *Adventures of Panama Red* (CK 32450 Columbia Records 1973)
Die Geschichte von Panama Red wird besungen

DAVID PEEL & THE LOWER EAST SIDE, *Have a Marijuana* (org. Elektra 1968, reissue Line Records 1991, LECD 9.01050)
DAVID PEEL & THE LOWER EAST SIDE, The American Revolution (EKS-74069 Elektra Records 1970)
Zur Revolution gehört natürlich "Legalize Marijuana"

WITTHÜSER & WESTRUPP, *Der Jesus Pilz - Musik vom Evangelium* (2021098-7 Pilz Records 1971)
Ein rein deutsches Kiffer-Evangelium inklusiver Erleuchtung durchs heilige Bröseln

## Classic Rock, Acid Rock, Psychedelic

AARDVARK, *Put That in Your Pipe and Smoke It* (org. Decca 1970, reissue See-For-Miles Records 1985, SEE 43)

THE AMBOY DUKES, *Journey to the Center of the Mind* (S/6112 Mainstream Records ca. 1966)
Auf dem Cover sind alle erdenklichen Haschsich-Pfeifen portraitiert

Black Sabbath, Masters of Reality (CLACD 198 Castle Communications 1986)
Die Meister der Wirklichkeit haben ihren Durchblick vom "Sweet Leaf"

BLUE CHEER, *Oh! Pleasant Hope* (org. 1971, reissue LMCD 9.51080 Z Line Records 1991)
Die Erfinder der Musik, die später Heavy Metal genannt wird, wünschen sich »free dope«

BRAINTICKET, *Cottonwoodhill* (BLPS 19019 Bellaphon Records ohne Datum)
Auf dem Cover steht der Aufruf: »Listen to the first recording of this LSD/Hashish/Fixy/Jointy Sound. Take a trip to your inner light. See the hallucinations of reality rise out of the groove. Join in ... you've got your brainticket now! Hallelujah!«

JOE COCKER, *Mad Dogs & Englishmen* (SP 6002 A&M Records 1970)
Der englische Sänger ruft auf "Let's Go Get Stoned"

COUNTRY JOE & THE FISH, *Electric Music for the Mind and Body* (reissue Vanguard Records 1987, VMD-79244)
"Flying High" ist das Motto und der Anfang

CREAM, *Fresh Cream* (Polygram 1967, reissue 1976, 827 576-2)
"I feel free" - nach dem ersten Joint

DR. JOHN, THE NIGHT TRIPPER, Remedies (AMCY-231, org. Atlantic 1970)
Der Doctor zitiert die Bibel jamaikanisch: »the smoke of Holy Herbs...«

Dr. John, The Night Tripper, *The Sun, Moon & Herbs* (AMCY-232 MMG Records, org. Atlantic 1971)
Der Doctor hat ein gutes Rezept "If the pot get heavy"

John Fred and His Playboy Band, *Permanently Stated* (LPS 2201 Jewel Records ohne Datum)
Durch "Mary Jane"...

The Fugs, *It Crawled Into My Hand, Honest* (org. 1968 Warner Bros., reissue XED 181 Edsel Records 1986)
enthält den wunderschönen Choral "Marijuana", in dem alle bekannten Namen der Hanfpflanze aufgezählt werden

The Golden Dawn, *"Power Plant"* (reissue Charly Records 1988, LIK 24)
Auf dem Cover prangen die beiden Kraftpflanzen: Pilze und Marijuana

Gong, *Flying Teapot* (org. 1973, reissue Charly Records 1990, CD LIK67)
"The Pot Head Pixies" der französisch-englischen Band
Gong, *Camenbert Electrique* (CD LIK 64 Charly Records 1990)
"I've been stone before" geht nahtlos über in "Wet Cheese Delirium"

H.P.Lovecraft, *At the Mountains of Madness* (org. Philipps 1968, reissue Edsel Records 1988, DED 256)
eine der frühen psychedelischen Reisen

Nina Hagen, *Unbehagen* (84104 CBS Records 1979)
Die Berliner Rockröhre erfreut sich am guten Geruch des Kiffs

Hawkwind, *Quark Strangeness and Charm* (CDSCD4008 Vrigin Records 1988)
"Hassan I Sabba"
Hawkwind, *California Brainstorm* (ILCD1014 Iloko Records 1992)
Der Song "Reefer Madness" ist dem gleichnamigen Film gewidmet

Jefferson Airplane, *Long John Silver* (NL89133 RCA Records 1978)
Laut Cover "9 fine blends of fragrant weed"

Little Feat, The Last Records Album (7599-27296-2 Warner Bros. Records 1978)
"Don't Bogart That Joint, My Friend, Pass It On to Me!"

Mad River, *Masterpiece* (reissue 1C 038-85 882 EMI Electrola Records 1979)
"Hig All The Time" - das Motto der SF-Band

Man, *Be Good to Yourself at Least Once a Day* (org. EMI, reissue BGO Records 1988)

"Keep on Crinting" mit Dope für den Tag; nicht umsonst nannte man Man die europäischen Dead

MC5, *Kick Out the Jams* (org. 1969, reissue Elektra Records 1991, 7559-74042-2)
Die amerikanische Flagge ist von einem Hanfblatt überschattet
MC5, *High Time* (org Atlantic 1971, reissue Rhino Records 1992, R2 71034)
Die Amerikaner sind hier auf "Skunk"

Laura Nyro, *Eli and the Thirteenth Confession* (org. 1967, reissue CK 9626 Columbia Records ohne Datum)
Die New Yorkerin lädt ein zu einem "Stoned Soul Picnic"

Quicksilver Messenger Service, *Sons of Mercury* (1968-1975) (R2 70747 Rhino 1991)
Gary Duncan gesteht: »We had no ambition toward making records. We just wanted to have fun, play some music, and make enough money to be able to afford to smoke pot«

Small Faces, *Ogdens' Nut Gone Flake* (reissue CLC 5016 Castle Communications 1993)
"Brightest Selection Special Celebrated Tobacco Manufactured by the Small Faces" - weicher Tobak
Small Faces, *The Autumn Stone* (CLACD Castle Communications 1986)
mit der Dope-Hymne "Itchycoo Park"

The Smoke (062-2610441 Capitol Records 1968)
diese amerikanische Band wurde von Kim Fowley poduziert und sollte besser nicht mit der gleichnamigen britischen Band verwechselt werden

The Smoke, *...It's Smoke Time* (org. 1967, reissue Teldec Records 1987, Av. 8.26524)
Der britische Rauch

Sweet Smoke, *Just A Poke* (LC 0162 EMI Electrola Records 1970)
Der süße Rauch des Haschisch führt in eine orientalische Welt à la 1001 Nacht

Ten Years After, *Stonedhenge* (Decca 1969, reissue Deram 1989 820 534-2)
"Going to try" to get high at Stonehenge...
Ten Years After, *Ssssh* (SML 1052 Deram/Decca 1969)
"Stoned Woman" & Psychedelia

The Tubes (AMLH64534 A&M Records 1977)
Mit dem Song "White Punks on Dope", der eigentlich erst durch Nina Hagen bekannt gemacht wurde
Neil Young & Crazy Horse, *Weld* (7599-26671-2 Reprise Records1991)
"Roll another number" for the road

ZZ Top, *El Loco* (WB 56 929 Warner Bros. 1981)
Auf dem Cover werden die drei Musiker von einem Texanischen Sheriff bei Schmuggeln von säckeweise Grass gestellt

## Heavy Metal, Grunge, Industrial

The Black Crows, *The Southern Harmony and Musical Companion* (512 263-2 Def American Records 1992)
In "Remedy" geht es um die Sache

Dig (rard-10916 Radioactive Records1993)
Klare Aussage der US-Rocker "I'll Stay High"

Freaky Fuckin Weirdoz, *Senseless Wonder* ( PD 75331 RCA Records 1992)
"Plant some" "Marokko" and "Love dope" heißt die Botschaft der Münchner Heavy-Rocker
Freaky Fuckin Weirdoz, *Mao Mak Maa* (74321 18569 2 RCA/BMG Records 1994)
"Sticky Weed" und ein kiffender Pseudo-Sadhu auf dem Cover; Special Guest Nina Hagen

Hash (7559-61513-2 Elektra 1993)
Die US-amerikanische Band hat sich nach dem braunen Harz benannt und trällert "Mary I Wanna"

Jane's Addiction, *Ritual de lo Habitual* (9 25993-2 Warner Bros. Records 1990)

Living Colour, *Stain* (472856 2 Epic 1993)
In dem Song "Hemp" heißt es »'Til this restlessness I turn and turn and turn again« (Text von Andrew Fairley)

Mudhoney, *Superfuzz Bigmuff* (GRCD 34 SubPop Records ohne Datum)
"I wanna get loaded and I wanna have a good time"-Intro

Sleep, *Sleep's Holy Mountain* (Mosh 79CD Earache Records 1992)
"The Druid" takes "Some Grass" - so die Band, die in Hanfblätter eingehüllt auf dem Back Cover erscheint

Tad, *Inhaler* (74321 16570 2 Giant Mechanic Records 1993)
"It's heavy shit!"

The Throbs, *The Language of Thieves and Vagabonds* (DGCD 24316 Geffen Records 1991)
Die Amerikaner posieren um eine riesige Wasserpfeide in orientalisch-psychedelischem Setting

Treponem Pal, *Excess & Overdrive* (RR 9076 2 Roadrunner Records 1993)
Auf mindestens einem Song sind die französischen Industrial-Freaks "Stoned"

Valentine Saloon, *Super Duper* (PIPECD 001 Pipeline Records 1992)
Ein "Super Duper" ist einriesiger Joint nach europäischer Machart - immer wieder von Amerikanern bewundert

## Independent, Wave, Rave etc.

Bongwater, *To Much Sleep* (Shimmy-031 1990)
Wasserpfeifenwasser mit psychedelischen Spritzern

Godfathers, *Dope, Rock'n'Roll & Fucking in the Streets* (GFTR CD 020 Corporate Image 1992)
Eine moderne Fassung von "Sex & Drugs & Rock'n'Roll" der englischen New Wave-Truppe (alles Live)

Highzung (LC-8248 Rockwerk Records 1992)
Hafenstraßen-Hardcore mit "Haschisch, Speed & Kokain"

The Moonflowers, *Hash Smits* (PGCD 12 Pop God Records ohne Datum)
It's "Dub Time" für die englischen Raver

Primal Scream, *Screamadelica* ( (CRECD 076 Creation Records 1991)
"Loaded", die Drogenhymne der Neunziger

Rausch, *Glad* (848546-2 Vertigo 1991)
Die deutschen Rocker singen die Hymne "Get Stoned"
Rausch, *Massive* (518 380-2 Vertigo 1994)
»RAUSCH support Hemp! This booklet ist printed on ESP Hemp blend paper. It is a limited edition of 3.000 copis.« - Das Hanfblatt ist das Markenzeichen der deutschen Band.

Snow Bud and the Flower People, *Green Thing* (FH-339D Flying Heart Records 1991)
Jeder Song einen Dope-Verherrlichung
Zu guter letzt:
*Marijuana's Greatest Hits Revisited* (7-5042-2 Rehash Records 1992)
Auf diesem Sampler haben junge Indie- und Wave-Bands klassische Dope Songs nachgespielt bzw. neu interpretiert.

## Techno, Trance, Ambient

JAM & SPOON, *Tripomatic fairytales* (474918 2 Sony Music 1993)
"the Joint Adventure of Jam & Spoon"

CARLOS PERON, *Brainticket Remix* 88 (SPV 76-1349)
Techno-Versionen der BRAINTICKET-Hits

PRO CANNABIS, *Tranceformed Ambient Collection* (DO CD 01 Dope Records 1994, ditributed by EFA), feat. Robert Anton WILSON
DM 2,- zugunsten des Cannabis-Weekend

## Reggae, Dub etc.

CULTURE, *International Herb* (44006 Shanachie Records 1992)
Die kiffende Band sitzt in einer Hanfkultur und preist das internationale Kraut

DILLINGER, *Cocaine* ( CD12 Charly Records 1986)
Nicht nur Kokain - "Marijuana in my Brain"

DUB SYNDICATE, *Stoned Immaculate* (ON-U LP56 On-U Sound Records 1991)
immer unbeflekt bekifft

INNER CIRCLE, *The Best of* (74321 12734 2 Island Records 1992)
In dem Song "Mary Mary" singen die fülligen Jamaikaner »Smokin' is good for da brain«

RHYMETIME, *It's a Fine Day* (EFA 06307-03 AUSFAHRT Records 1992)
Ein blaues Hanfblatt schwebt über pinkfarbenem Cover

ROCK STEADY WITH FLO & EDDIE (ELP 4010 Epiphany Records 1981)
Joints, Jamaika & Alt Freaks

PETER TOSH, *Legalize It* (CDV 2061 CBS/Virgin Music 1976)
*Die* Reggae-Hymne zum Thema
PETER TOSH, *Bush Doctor* (1C 064-61 708 EMI Electrola Records 1978)
Der "Bush Doctor" heilt alles mit dem Allheilmittel Hanf

*Tougher Than Tough: The Story of Jamaican Music* (4 CDs Island Records 1993)

ZION TRAIN presents *Natural Wonders of the World in Dub* (WWLP/CD5 Zion Records 1994)
Die Naturwunder sind die auf dem Cover gezeigten unendlichen Hanffelder

# Hip Hop, Rap

CYPRESS HILL (468893 2 Columbia Records 1991)
"Light Another", denn "Stoned is the Way of the Walk"
CYPRESS HILL, *Black Sunday* (CK 53931, Ruffhouse/Columbia Records 1993)
Beginnt mit "I wanna get high", geht über "Insane in the Brain" zu "Legalize It"

DA HOMELANDERS, *Fullmoon* (Dope Records, SPV 84-39862 Public Attack 1994)
Der Vollmond auf dem Cover raucht nen Joint

DR. DRE, *The Chronic* (7567-92233-2 Interscope Records 1992)
Auf Cover und CD leuchtet ein Hanfblatt

SPACE COWBOYS, *Locked 'n Loaded* (RTD 195.1257.2 Our Choice Records 1992)
"Stoned Out of My Mind" rappen die Berliner Fusionisten

# Weltmusik, Weltbeat, Crossover etc.

ALEX ORIENTAL EXPERIENCE, *Live!* (AW-004 91-2 Wiska Records 1991)

Guter "Türke" aus Köln
ALEX ORIENTAL EXPERIENCE, *Jam* (AW-JAM 08-15 Wiska Records 1992)

BACHIR ATTAR, *The Next Dream* (CD 57 CMP Records 1992)
Ein Marokkaner in New York, produziert von Bill Laswell

EMBRYO, *Turn Peace* (EFA 01045-26 Schneball Records, 1990)
Eine deutsche Band mit Musikern aus aller Welt auf dem Weg vom "turn piece" zum Frieden

KALEIDOSCOPE, *Blues from Bagdhad - The Very Best of* (EDCD375 Edsel Record 1993)
*Der* Weltbeat-Dope-Sound-Klassiker

RAY LEMA, *Medecine* (CEL 6771 Celluloid Records ohne Datum)
Das Cover wird von einem Hanfblatt, der »Medizin«, geschmückt

MATERIAL, *Hallucination Engine* (Axiom 74321 18190 2, Island Records 1994)

## Comedy, Filmmusik, Soundtracks etc.

Cheech and Chong (9 3250-2 Warner Bros. Records 1972)
Cheech & Chong, *Up in Smoke* (7599-27367-2 Warner Bros Records 1978)
Soundtrack des Films "Viel Rauch um nichts"
Cheech & Chong, *Greatest Hit* (WB K 56 961 Warner Bros. Records 1981)
Das Cover enthüllt den größten Hit - ein Mega Joint

Mick Farren's Tijuana Bible, *Gringo Madness* (CDWIK 117 Ace Records 1993)
Dope Poesie gelesen und beklampft

Mohammed M'Rabet, *The Storyteller & the Fisherman* (SUB CD015-38 Psalmodia Sub Rosa Records 1990), übersetzt und gelesen von Paul Bowles
wirklich heiße *Dope Tales*

## Literaturhinweise

Baumeister, Roy
1984 »Acid Rock« *Journal of Psychoactive Drugs* 16(4): 339-345.

Curry, Andrew
1968 »Drugs in Jazz and Rock Music« *Clinical Toxicology* 1(2): 235-244.

Epp, Rainer
1984 »The King's Music: Über die Musik der Rastafaris« in: Wolfgang Bender (Hg.), *Rastafari-Kunst aus Jamaika*, S.49-56, Bremen: edition CON.

Rätsch, Christian
1986 »Musique fantastique« in S. Höhle et al. (Hg.), *Rausch und Erkenntnis*, S.307-325, München: Knaur.

Scullatti, Gene & Davin Seay
1985 *San Francisco Nights: The Psychedelic Music Trip*. London: Sidgewick and Jackson.

Shapiro, Harry
1988 *Waiting for the Man: The Story of Drugs and Popular Music*. London, New York: Quartet Books.

Wiederhorn, Jon
1993 »Cypress Hill Smokin' Up the Charts« *Pulse!* No.120, Nov.'93: 56-61.